开封市水资源调查评价

李　洋　主编

黄 河 水 利 出 版 社
·郑　州·

图书在版编目(CIP)数据

开封市水资源调查评价/李洋主编. —郑州：黄河水利出版社，2021. 9

ISBN 978-7-5509-3116-9

Ⅰ. ①开… Ⅱ. ①李… Ⅲ. ①水资源-资源调查-开封②水资源-资源评价-开封 Ⅳ. ①TV211. 1

中国版本图书馆 CIP 数据核字(2021)第 198661 号

组稿编辑：贾会珍　电话：0371-66028027　E-mail：110885539@ qq. com

出 版 社：黄河水利出版社　网址：www. yrcp. com

地址：河南省郑州市顺河路黄委会综合楼 14 层　邮政编码：450003

发行单位：黄河水利出版社

发行部电话：0371-66026940、66020550、66028024、66022620(传真)

E-mail：hhslcbs@ 126. com

承印单位：河南新华印刷集团有限公司

开本：787 mm×1 092 mm　1/16

印张：7. 25

字数：170 千字

版次：2021 年 9 月第 1 版　印次：2021 年 9 月第 1 次印刷

定价：56. 00 元

《开封市水资源调查评价》

编委会

主　编　李　洋

编　委　顾长宽　高　源　王松茹

赵　峰　周星宇　王志华

吕中烈　姚　鹏　王晋红

前 言

水是生命之源、生产之要、生态之基。水资源是基础性自然资源、战略性经济资源，是生态与环境的重要控制性要素，也是一个国家综合国力的重要组成部分。

水资源调查评价是国家重大资源环境和国情国力调查评价的重要组成部分。按照水利部的工作部署，河南省分别于20世纪80年代初、21世纪初，系统地开展了两次水资源调查评价，相关成果在科学制订水资源规划、实施重大工程建设、加强水资源调度与管理、优化经济结构和产业布局等方面发挥了重要基础性作用。

近年来，受气候变化和人类活动等的影响，水循环和水资源情势发生新的变化，水资源演变规律呈现新的特点，水资源管理工作面临新的形势和要求。为全面摸清水资源家底，并及时准确掌握水资源情势出现的新变化，系统评价水资源及其开发利用状况，摸清水资源消耗、水环境损害、水生态退化情况，适应新时期经济社会发展和生态文明建设对加强水资源管理的需要，有必要开展新一轮的水资源评价工作。2017年中央一号文件明确提出实施第三次全国水资源调查评价。这是基于近年来我国水资源情势变化、新老水问题相互交织、水安全上升为国家战略的大背景下迫切需要开展的一项重要基础性工作。

开封市水资源调查评价主要依据《全国水资源调查评价技术细则》和《河南省第三次水资源调查评价工作大纲》，并参考前两次水资源调查评价、第一次全国水利普查等已有成果，在此基础上，进一步丰富了评价内容，改进了评价方法，较前两次水资源调查评价资料收集更广泛，计算站网密度更大，计算分区更细致；评价方法的完善和专题研究的技术支撑使本次评价内容更加全面、结果更趋合理。

本次评价全面摸清60余年来开封市水资源状况变化，重点把握2001年以来水资源的新情势、新变化，梳理水资源短缺、水环境污染、水生态损坏等新老水问题，系统分析水资源演变规律，提出全面、真实、准确、系统的评价结果。为满足新时代水资源管理、健全水安全保障体系、促进经济社会高质量发展和生态文明建设奠定了基础。

本次水资源评价项目涉及面广，成果内容较多，由于作者水平有限，难免存在不当之处，敬请各位读者指正。

编 者

2021年7月

目　录

第一章　概　况

第一节　自然地理与社会经济

一、地理位置

开封市地处黄河下游南岸、河南省东部,东与商丘市相连,西与河南省会郑州市毗邻,南接许昌市与周口市,北依黄河与新乡市隔河相望,并与山东省菏泽市搭界。地理坐标为东经113°52′15″~115°15′42″,北纬34°11′45″~35°01′20″,东西长125 km,南北宽87.5 km,评价面积6 261 km^2,其中市区面积564 km^2。开封市东距亚欧大陆桥东端的港口城市连云港500 km,西距河南省会郑州市72 km,处于豫东大平原的中心部位。开封市地处中原,交通便利,陇海铁路从市内穿过,京广铁路与京九铁路左右为邻,郑开大道与郑开城际铁路将郑州市与开封市紧密连接在一起。

二、地形地貌

开封市所辖区域在大地构造上处于中国巨型秦岭—昆仑纬向构造体系与新华夏第二沉降带,华北坳陷复合交接部位,沉积层厚达1 000~5 000 m,由于地质构造形迹大多数隐伏在巨厚的沉积层下,地表形迹不明显,大部分地区地质构造较单一,地质条件较简单。地貌形态属黄河下游冲积扇平原的一部分,境内地势平坦,地形总趋势西高东低,北高南低,由西北向东南微有倾斜,地表坡降1/2 000~1/4 000,海拔大部分在69~78 m,最高处的尉氏县岗李乡冉家村北,海拔133 m;最低处的杞县宗店乡徐志村,海拔53.4 m。历史上由于黄河多次泛滥改道,泥沙沉积和风力的再搬运作用,使本区域内微地貌复杂,可分为六个微地貌单元,即临黄滩地新积土地、背河洼地、冲积和风积沙丘沙地、黄河故道条带状沙丘地、黄土岗地脱潮土地、泛淤壤土平地。地表组成物质主要为淤积沙土、壤土及部分黏土。

三、气候特征

开封市辖区气候受蒙古高压、太平洋副高压交替控制,属暖温带半干旱大陆性季风型气候,四季分明,春季干旱多风沙,夏季炎热多雨,秋季凉爽宜人,冬季寒冷少雪。年均日照时数2 267.6 h,年平均日照率为51%~57%,其中最长为6月,最短为2月;太阳辐射总量为全省相对高值区;年平均气温为14 ℃,7月为全年最热月,历年极端最高温度42.9 ℃(1966年7月19日),1月为全年最冷月,历年极端最低温度-16 ℃(1971年12月27日);平均湿度为70%~80%,根据全国第二次水资源调查评价成果,降水量由东南向西北递减,由700 mm降至600 mm,最大年降水量为1 180 mm,最小年降水量为179.2 mm,多年平均降水量为 662.8 mm,变率为 21%,属全省变率高值区,降水多集中在夏季 7 月、8 月,约占年降水量的 65%以上,冬季降水量最少,约占年降水量的 10%左右。年平均蒸发量则由东南向西北递增,即由 1 600 mm 增至 2 000 mm。5 月、6 月两个月蒸发量最大,占全年蒸发量的 25%~30%,12 月、1 月两个月蒸发量占全年蒸发量的 5%~10%。全年无霜期 207~231 d。主导风向北风,占 14.6%;次主导风向南风,占 10%,年平均风速 3.1 m/s,春季多风平均风速 3.5~4.5 m/s,历年最大风速 28 m/s。

四、河流水系

开封市分属黄河、淮河两大流域,黄河大堤以北地区属于黄河水系,流域面积约 369 km^2;黄河大堤以南地区属于淮河水系,流域面积约 5 892 km^2。淮河流域有沙颍河、涡河、南四湖三大水系。沙颍河水系所属主要河道有双洎河、贾鲁河、康沟河等。涡河水系所属的主要河流有涡河、运粮河、孙城河、惠贾渠、百邸沟、尉扶河、涡河故道、小青河、铁底河、小蒋河、马家河、惠济河、淤泥河等,南四湖水系所属主要河流有黄蔡河、贺李河、四明河等。

开封市境内流域面积在 500 km^2 以上的河流有 11 条,流域面积为 100~500 km^2 的河流有 21 条,流域面积为 30~100 km^2 的河道有 45 条,流域面积为 10~30 km^2 的河流有 68 条,流域面积在 10 km^2 以下的沟河多达 8 000 余条。

开封市中心城区内河流湖泊环绕市区,老城区四河连五湖,储水总量约 410 万 m^2,水域面积达 220 多 hm^2,约占开封中心城区建成区面积的 1/4,故有“北方水城”之称。开封市河流分布情况见图 1-1。

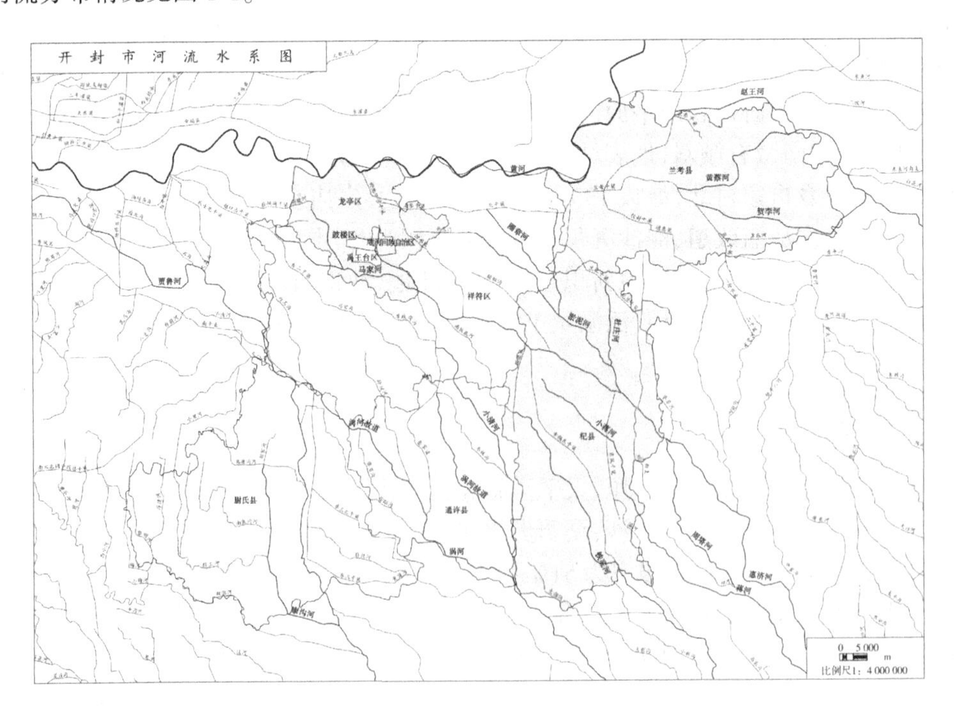

图 1-1　开封市河流水系图

（一）康沟河

康沟河属沙颍河水系，发源于开封市尉氏县二张家，至周口市扶沟县胡张庙入贾鲁河，全长 37 km，流域面积 619 km^2，康沟河上于 1966 年 6 月设立西黄庄水文站，位于尉氏县南曹乡西黄庄，控制流域面积 454 km^2，最大实测流量 133 m^3/s，发生在 1967 年 7 月 12 日。主要支流有刘麦河、南康沟河、杜公河。负担涝期排涝，尉氏县城工业、生活退水。

（二）涡河

涡河发源于祥符区（原开封市开封县）西姜寨乡郭厂村西，贾鲁河东岸，向东南流经朱仙镇、大李庄乡，从四合庄出境入通许县，在通许县北李左村南入境。东南流于稷子岗，向东南入太康境，全长 60 km。涡河于 1977 年 1 月设立邸阁水文站，位于通许县邸阁乡赫庄，控制流域面积 898 km^2，河道比降 1/4 000～1/6 000。流域窄长，平均宽度 17.2 km，流域形状系数 0.33，径流系数变幅 0.03～0.3。洪水汇集较慢。河道堤防高 3～5 m。最大实测流量 117 m^3/s，发生在 2000 年 7 月 7 日，主要支流有运粮河、孙城河、百邸沟、惠贾渠、涡河故道等。负担涝期排涝，引黄灌溉。

（三）运粮河

运粮河发源于郑州市中牟县东漳乡万庄，流经祥符区杏花营农场、杏花营、西姜寨、朱仙镇等乡（镇）至大李庄乡四合庄入涡河，为涡河的支流，全长 53.3 km。运粮河于 2012 年设朱仙镇巡测水文站，控制流域面积 214.1 km^2，占邸阁水文站以上流域面积 898 km^2 的 24%。河道比降 1/4 000～1/6 000。流域窄长，平均宽度 4.0 km，流域形状系数 0.08，洪水汇集较慢。河道堤防高 3～5 m，10 年一遇洪水流量为 68.3 m^3/s，20 年一遇洪水流量 130 m^3/s。负担涝期排涝，引黄灌溉。

（四）涡河故道

涡河故道发源于开封市通许县小城至周口市太康县邢楼村，全长 34.83 km。流域面积 688 km^2，涡河故道于 2012 年设宗寨巡测水文站，位于杞县官庄乡宗寨村，控制流域面积 573.0 km^2，20 年一遇防洪流量为 286.0 m^3/s。主要支流有小清河、标台沟、申庄沟等。负担涝期排涝，通许县工业、生活退水，引黄灌溉。

（五）小蒋河

小蒋河发源于开封市杞县林庄至睢县和杞县界，全长 25.2 km，出境入商丘市柘城县城关镇汇入惠济河。小蒋河上 2012 年设大魏店巡测水文站，位于杞县邢口乡大魏店村，控制流域面积 158.0 km^2。20 年一遇防洪流量为 168.0 m^3/s。负担涝期排涝，杞县工业、生活退水。

（六）惠济河

惠济河发源于开封市济梁闸，流经开封市、祥符区、杞县、睢县、柘城、鹿邑，在两河口与涡河汇流。惠济河属淮河支流涡河的支流，全长 181.8 km，流域面积 4 130 km^2。惠济河上于 1964 年 1 月设大王庙水文站，位于杞县裴村店乡周岗村，控制流域面积 1 265 km^2，河长 70.0 km，最大流量 303 m^3/s，发生在 1977 年 7 月 11 日。主要支流有惠北泄水渠、马家河、黄汴河、百慈沟、淤泥河等。负担涝期排涝，开封市、祥符区工业、生活退水，引黄灌溉。

（七）淤泥河

淤泥河为惠济河第一大支流，发源于袁坊乡湾堤村附近，至内管营出祥符区界入杞县，于杞县唐寨汇入惠济河。全长44.8 km，流域面积618.2 km^2。淤泥河于2012年设柿园巡测水文站，位于杞县柿园乡柿园，控制流域面积599.2 km^2，20年一遇防洪流量为343.0 m^3/s。主要支流有圈漳河、济民沟、杜庄河等。负担排泄开封电厂污水，祥符区、兰考县种稻退水及涝期排涝，亦可灌溉。

（八）黄蔡河

黄蔡河属于南四湖水系，发源于兰考县韩陵庄至豫鲁边界，全长36.85 km，流域面积510 km^2。黄蔡河上设有南庄巡测水文站，位于兰考县南漳乡南庄，控制流域面积365.5 km^2，20年一遇最大防洪流量270.0 m^3/s，负担涝期排涝。

五、社会经济

2016年末全市总人口519.85万，常住人口454.67万。出生人口5.69万，出生率12.52‰；死亡人口2.92万，死亡率6.43‰；自然变动净增人口2.77万，自然增长率6.09‰，城镇化率达到45.88%。

全年全市生产总值1 747.96亿元，比上年增长8.5%。其中：第一产业增加值287.29亿元，增长4.3%；第二产业增加值703.09亿元，增长8.0%；第三产业增加值757.58亿元，增长10.8%。三次产业结构为16.4∶40.2∶43.4，详见表1-1。

表1-1　2016年开封市国内生产总值统计表

行政分区	GDP		第一产业		第二产业		第三产业	
	亿元	占比(%)	亿元	占比(%)	亿元	占比(%)	亿元	占比(%)
全市	1 747.96	100.00	287.29	100.00	703.09	100.00	757.59	100.00
市区	432.09	24.72	18.11	6.30	155.86	22.17	258.12	34.07
杞县	279.29	15.98	78.58	27.35	93.80	13.34	106.90	14.11
通许县	224.95	12.87	47.55	16.55	89.30	12.70	88.10	11.63
尉氏县	326.51	18.68	51.09	17.79	171.84	24.44	103.59	13.67
祥符区	227.48	13.01	52.38	18.23	80.81	11.50	94.29	12.45
兰考县	257.64	14.74	39.58	13.78	111.47	15.85	106.59	14.07

全年财政总收入149.91亿元，比上年增长10.5%。一般公共预算收入113.21亿元，增长10.2%，其中税收收入78.13亿元，增长13.3%，税收收入占一般公共预算收入的69.0%。一般公共预算支出295.78亿元，增长11.7%，其中教育支出增长11.6%，社会保障和就业支出增长20.3%，医疗卫生与计划生育支出增长12.7%。

全年全市粮食播种面积39.981万 hm^2。其中，小麦播种面积24.134万 hm^2；玉米播种面积12.238万hm^2；棉花播种面积1.239万hm^2；油料种植面积9.138万hm^2；蔬菜种植面积14.365万hm^2。全年粮食总产量231.44万t。其中，夏粮产量151.33万t，秋粮产量80.11万t，小麦产量151.33万t，玉米产量64.74万t，棉花产量1.48万t，油料产量41.05万t，肉类总产量35.16万t，禽蛋产量24.64万t，牛奶产量30.2万t。

全年全市规模以上工业增加值625.04亿元，其中，轻工业增加值增长8.8%。全年规模以上工业企业主营业务收入2 552.1亿元，利润总额212.0亿元。全市固定资产投资1 526.63亿元。其中，国有及国有控股投资162.10亿元，民间投资1 343.19亿元，其他投资21.34亿元。分三次产业看，第一产业投资68.42亿元，第二产业投资853.17亿元，第三产业投资605.04亿元。

第二节 水利工程

一、蓄水工程

截至2016年，全市共有2座水库，分别为黑池水库和柳池水库。

（一）黑池水库

黑池水库，又名黑岗口水库（沉沙池），位于河南省开封市西北部15 km处，隶属金明区水稻乡，紧临黄河大堤，东窄西宽，东到马头村，西到南北堤，北到后岗村和黄河大堤，南至双河铺，长约3.8 km，宽500～1 000 m，水深3～8 m，水域面积3 723亩，有效库容284万m^3。

（二）柳池水库

柳池水库位于黑池东3 km处，隶属金明区水稻乡，紧临黄河大堤，北到小马村，南到张湾村、北菜园，长约3.1 km，宽400～1 800 m，水域面积4 069亩，有效库容238万m^3。

黑池水库、柳池水库是开封市饮用水主要水源地，城市供水的主要水源。市区引用黄河水由黄河黑岗口闸流入黄河南岸的黑池进行一级沉淀，然后经3 km连接渠进入柳池进行二级沉淀后，经两条暗渠（明渠备用）引入市内开封市供水总公司一水厂和三水厂，经净化处理后供应开封市区和祥符区生活用水。

二、引水及农业灌溉工程

全市共有黑岗口、三义寨、柳园口和赵口4个引黄自流灌区和东方红提灌区。全市引黄灌区设计总引水能力270 m^3/s，规划控制面积515万亩，范围涉及开封市四县五区91个乡（镇）中的81个。现有干渠38条，长718.4 km；支渠（沟）178条，长896.85 km；斗农渠3 449条，长2 946.3 km。干渠建筑物1 361座，支渠（沟）建筑物3 039座，斗农渠建筑物4 459座。有效灌溉面积283.2万亩，占全市耕地面积的47.6%，在发展引黄灌溉的同时，开封市积极发展机井灌溉，全市配套机井达到8.5万眼，井灌面积超过430万亩，节水灌溉面积达到52万亩。

三、闸坝工程

开封市共有大中型水闸19座，主要河道拦河闸7座，主要用于农业灌溉、调节城市退水及引黄水量,开封市拦河闸情况见表1-2。

表1-2 全市大中型灌区基本情况

闸名	位置	运行日期(年-月)	河流	孔数	孔口尺寸(m×m)	设计过水量(m^3/s)	灌溉面积(km^2)
裴庄闸	通许县竖岗乡	1977-06	涡河	4	4×4	282	22.3
塔湾闸	通许县历庄乡	1992-08	涡河故道	5	4.5×4	248	20.5
中营闸	杞县板木乡	2016-04	铁底河	5	4.5×4	247	3
大岑寨闸	杞县邢口镇	2016	小蒋河	4	6×4	137	
罗寨闸	杞县平城乡	1960-01	惠济河	13	8-2.7×3.5 5-4×3.6	325	35
李岗闸	杞县裴村店乡	1990-01	惠济河	10	6×4	606	15.5
李家滩闸	兰考县南彰镇	1964-11	黄蔡河	10	3×4.5	157	5.3

第三节 水文地质条件

开封地处豫东大平原,属黄河冲积扇的一部分,大部分地区地质构造较为单一,地质条件比较简单。新生代以来本区域一直处于缓慢下降阶段,因而沉积了巨厚的第三系和第四系地层。据已有钻孔资料揭露,第四系松散沉积物厚度大于300 m,其主要地层分别由全新统、上更新统、中更新统、下更新统和新第三系湖积层组成。

开封市土壤属于暖温带落叶林干旱森林草原棕壤褐土地带,即豫东平原潮土区,土壤母质为黄河冲积沉积物,含有较丰富的碳酸钙。土壤大致分为四类,即潮土、盐土、风砂土和新积土。潮土是开封市境广为分布的土壤类型,全市五县及市区均有分布,面积达742万亩,占全市总土壤面积的97%。潮土由黄河冲积物发育而成,受地下水的影响,土体内氧化还原过程交替发生,形成明显的锈纹、锈斑;质地受河流泛滥影响,分选作用明显。水平上成土母质颗粒差异大,垂直分布上分选差异明显,沉积层次分明,沙黏相间,厚度不一,土体结构复杂。

第四节 流域及行政分区

一、流域分区

为满足以河流流域为单元进行水资源开发利用的需要,并充分考虑水资源管理保护的要求,水资源评价需要提出流域分区成果。参考《全国水资源分区》和《河南省第三次水资源调查评价工作大纲》对开封市流域分区的划分。

一级区:按照保持流域水系完整的原则,全市划分为黄河流域与淮河流域 2 个一级区。

二级区:在一级分区的基础上,按照基本保持河流水系完整的原则划分。全市划分为黄河流域的花园口以下与淮河流域的淮河中游(王家坝至洪泽湖出口)、沂沭泗河三个二级区。

三级区:在二级分区的基础上,按流域分区与行政区划相结合的原则划分。开封市有 3 个三级区,黄河流域的花园口以下干流区间,淮河流域的王蚌区间北岸、南四湖区。

四级区:在三级分区的基础上,开封市有 4 个四级区,分别是内滩区,涡河区、沙颍河平原区、南四湖湖西区。开封市流域四级分区情况见表 1-3。

表 1-3 开封市流域四级分区情况

<table>
<tr><th>一级分区</th><th>二级分区</th><th>三级分区</th><th>四级区</th><th>面积(km²)</th></tr>
<tr><td rowspan="2">黄河流域</td><td>花园口以下</td><td>花园口以下
干流区间</td><td>内滩区</td><td>369</td></tr>
<tr><td colspan="3">小计</td><td>369</td></tr>
<tr><td rowspan="5">淮河流域</td><td rowspan="2">淮河中游(王家坝至洪泽湖出口)</td><td rowspan="2">王蚌区间北岸</td><td>涡河区</td><td>4 214</td></tr>
<tr><td>沙颍河平原区</td><td>915</td></tr>
<tr><td colspan="3">小计</td><td>5 129</td></tr>
<tr><td>沂沭泗河</td><td>南四湖区</td><td>南四湖
湖西区</td><td>763</td></tr>
<tr><td colspan="3">小计</td><td>763</td></tr>
<tr><td colspan="4">全市合计</td><td>6 261</td></tr>
</table>

二、行政分区

本次开封市水资源调查评价采用截至 2016 年 12 月 31 日我国最新行政区划及相应

编码。全市辖五区(龙亭、顺河、鼓楼、禹王台、祥符)、四县(兰考、杞县、通许、尉氏)。全市总面积 6 261 km^2,其中市区面积 564 km^2,见表 1-4 和图 1-2。

表 1-4　开封市行政区划及相应编码表

	编码	行政区	面积(km^2)
开封(410200)	410202	龙亭区	564
	410203	顺河回族区	
	410204	鼓楼区	
	410205	禹王台区	
	410212	祥符区	1 264
	410221	杞县	1 258
	410222	通许县	768
	410223	尉氏县	1 299
	410225	兰考县	1 108

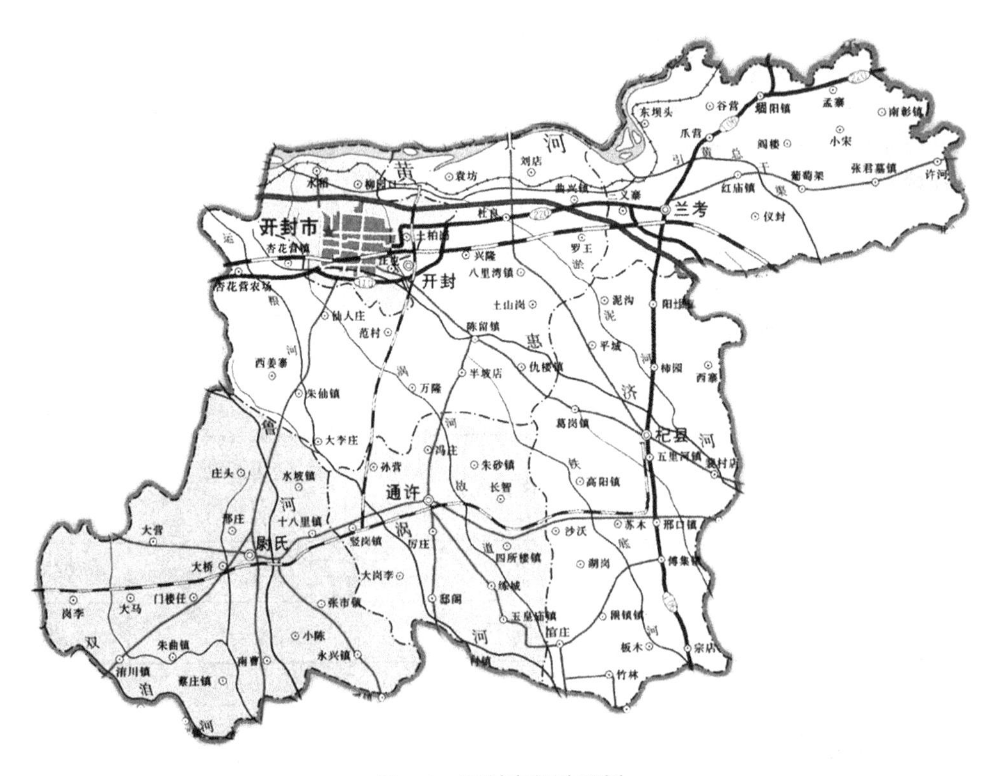

图 1-2　开封市行政区划

第五节　水资源评价指标

表征水资源状况的主要指标有影响因素指标、数量指标、质量指标和可持续利用指标等。

一、水资源影响因素指标

(1)大气降水量:指在一定的时段内,从大气降落到地面的降水物在地平面上所积聚的水层厚度,以深度表示,单位采用毫米(mm)。

(2)蒸发能力:指充分供水条件下的陆面蒸发量,可近似用E-601型蒸发器观测的水面蒸发量代替,以深度表示,单位采用毫米(mm)。

(3)干旱指数:指陆面蒸发能力与年降水量的比值。

(4)气温:大气的温度,表示大气冷暖程度的量,单位采用摄氏度(℃)。

(5)湿度:大气中水汽含量或潮湿的程度,常用水汽压、相对湿度、饱和差、露点等物理量来表示,相对湿度无量纲,采用百分比(%)表示。

(6)风速:单位时间内空气移动的距离,按风速大小以等级表示。

二、水资源量评价指标

(1)水资源总量:指评价区域内当地降水形成的地表和地下的产水量。

(2)地表水资源量:指区域内河流、湖泊 冰川等地表水体中,由当地降水形成的可以更新的动态水量,或用天然河川径流量表示。

(3)地下水资源量:指与大气降水、地表水体有直接补给或排泄关系的动态地下水量,即参与水循环而且可以不断更新的地下水量。

(4)河川径流量:径流是由降水产生的,自流域内汇集到河网,并沿河槽下泄到某一断面的水量。

(5)降水入渗补给量:降水入渗补给量是指降水(包括坡面漫流和填洼水)渗入土壤中,并在重力的作用下渗透补给地下水的水量。

(6)河道渗漏补给量:当河道水位高于河道岸边地下水水位时,河水渗漏补给地下水的水量。

(7)渠系渗漏补给量:指渠系水补给地下水的水量。

(8)渠灌田间入渗补给量:指渠灌水进入田间后,入渗补给地下水的水量。

(9)山前侧向补给量:指发生在山丘区与平原区的交界面上,山丘区地下水以地下潜流形式补给平原区浅层地下水的水量。

(10)井灌回归补给量:指井灌水进入田间后,入渗补给地下水的水量。

(11)潜水蒸发量:指潜水在毛细管的作用下,通过包气带岩土向上运动造成的蒸发量。

三、变化关系评价指标

反映不同水资源量之间变化关系(转化关系)的主要评价指标有以下几个。

(1)径流系数:用同一时段内径流深度与降水量的比值表示降水量产生地表径流量的程度,称为径流系数,以小于1的数或百分数计。

(2)产水系数:指多年平均水资源总量与多年平均年降水量的比值,反映评价区域内降水所产生地表水和地下水的能力,以小于1的数或百分数计。

(3)降水入渗补给系数:反映降水量产生地下水的能力,用降水入渗补给量 P_r 与相应降水量 P 的比值表示。

(4)灌溉入渗补给系数:指田间灌溉入渗补给量与进入田间灌水量的比值。

(5)渠系渗漏补给系数:反映渠系过水量的损失强度,用渠系渗漏补给量与渠首引水量的比值表示。

(6)渠系有效利用系数:反映渠系的有效使用率,用灌溉渠系送入田间的水量与渠首引水量的比值表示。

四、数量质量评价指标

(1)流量:表示单位时间内通过某断面的水流体积,单位用立方米每秒(m^3/s)表示。

(2)径流量:时段内通过某断面的水体总量,单位用立方米(m^3)表示。

(3)径流深:把某一时段内的径流总量平铺在相应流域面积上的平均水层深度称为径流深,以毫米(mm)计。

(4)水资源量:某时段内评价区域所产生的水资源量,单位用立方米(m^3)、万立方米(万 m^3)、亿立方米(亿 m^3)表示。

(5)水资源模数(产水模数):指单位面积上的产水量,可用水资源总量与面积的比值来表示,单位用万立方米每平方千米(万 m^3/km^2)表示。

(6)地下淡水:指矿化度小于2 g/L的地下水。

(7)微咸水:指矿化度大于2 g/L的地下水。

(8)水体污染评价指标:主要有污染物含量、浓度、水质类别超标倍数等,一般常用单位有毫克每升(mg/L)、克每升(g/L)。

五、可持续利用评价指标

(1)水资源可利用总量:在确保社会经济可持续发展、水资源可持续利用条件下,为保持生态、生活、生产协调发展,可以一次性提供给生活、生产的最大用水量。

(2)地表水可利用量:指在可预见的时期内,在统筹考虑河道内生态环境和其他用水的基础上,通过经济合理、技术可行的措施,可供河道外生活、生产、生态用水的一次性最大水量(不包括回归水的重复利用)。

(3)地下水可开采量:指在可预见的时期内,通过经济合理、技术可行的措施,在不致引起生态环境恶化条件下允许从含水层中获取的最大水量。

(4)利用率:反映区域水资源开发利用程度的评价指标,以代表时段内区域供水量与水资源量的比值表示。

(5)消耗率:反映区域水资源利用消耗或部门用水消耗程度的重要指标,以代表时段内区域消耗量与用水量的比值表示。

第二章　降　水

大气降水是地表水和地下水的重要补给来源,区域降水量的多寡基本上反映了该区域水资源的丰枯状况。

在计算降水量时,需要选取相应的雨量站,以保证基础数据的合理可靠。目前来说,降水量基础资料选取时要以资料质量好、系列完整、面上分布均匀且能反映地形变化影响的雨量站作为分析依据站。此外,在降水量变化梯度较大的山区尽可能多选一些站点,降水量变化梯度较小的平原区着重考虑站点的均匀分布。

当选用雨量站密度不能满足评价要求时,可借用邻近地区长系列雨量站或对资料系列长度相对较短的雨量站进行插补延长处理,插补延长一般采用直接移用邻站资料法、年月降水量相关法、降水量等值线图查算法和相邻数站均值移用法,插补时注意参证站气象、下垫面条件与选用站的一致性。

为保证数据的一致性,本次调查评价所选用的雨量站包括全部的二次调查评价所选用的雨量站,共采用雨量站16个,其中沙颍河平原区5个、涡河区9个、黄河内滩区2个。

第一节　统计参数及系列代表性分析

一、统计参数

降水量统计参数包括多年平均降水量、变差系数 C_v 和偏态系数 C_s。单站多年平均降水量采用算术平均法计算,适线时不做调整。C_v 值先用矩法计算,再用适线法目估调整确定。频率曲线采用P-Ⅲ型线,适线时照顾大部分点据,但主要按平水、枯水年份的点据趋势定线,对系列中特大值、特小值不做处理。

二、系列代表性分析

系列的代表性指样本系列的统计特征能否很好地反映总体的统计特征,由于水文现象本身存在连续丰水、平水、枯水以及丰枯交替等周期性变化规律,选用的系列能否客观反映这种周期波动、丰枯交替的客观规律,直接影响着分析评价的精度。

本次选取流域内具有61年降水系列的兰考、通许、圉镇、开封、大王庙、尉氏六处雨量站资料,分析1956~2016年系列同步期年降水量的偏丰、偏枯程度和年降水量统计参数的稳定性,研究多年系列丰枯周期变化情况,以综合评判1956~2016年同步期降水量系列的代表性。

(一)统计参数及稳定性分析

以长系列末端2016年为起点,以年降水量逐年向前计算累积平均值和变差系数 C_v 值(用矩法进行计算),并进行综合比较分析。均值、C_v 等参数均以最长系列的计算值为标准,从过程线上确定参数相对稳定所需的年数。长系列代表雨量站年降水量和变差系

数 C_v 逆时序逐年累积平均过程线见图 2-1～图 2-4。

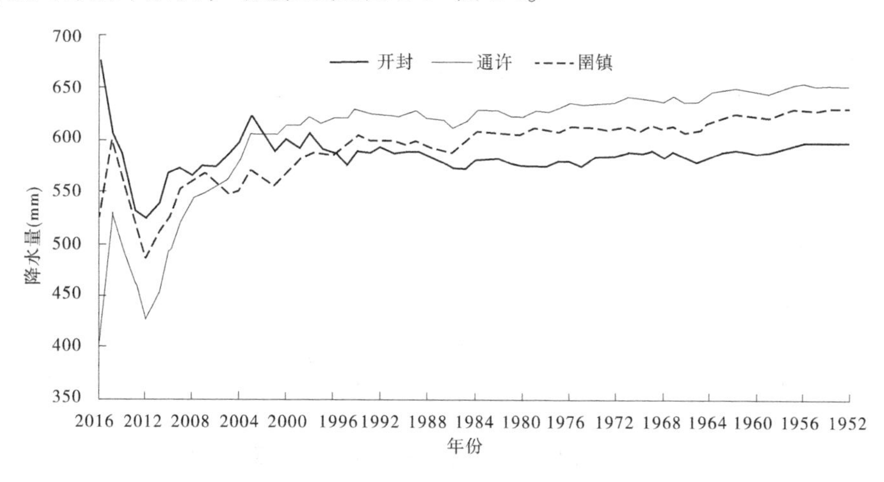

图 2-1 开封、通许、圉镇站降水量均值逆时序累积过程线

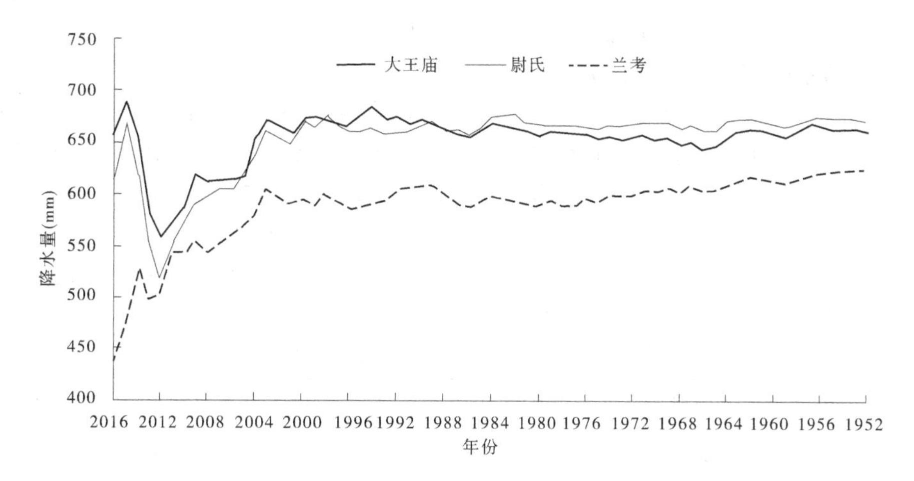

图 2-2 大王庙、尉氏、兰考站降水量均值逆时序累积过程线

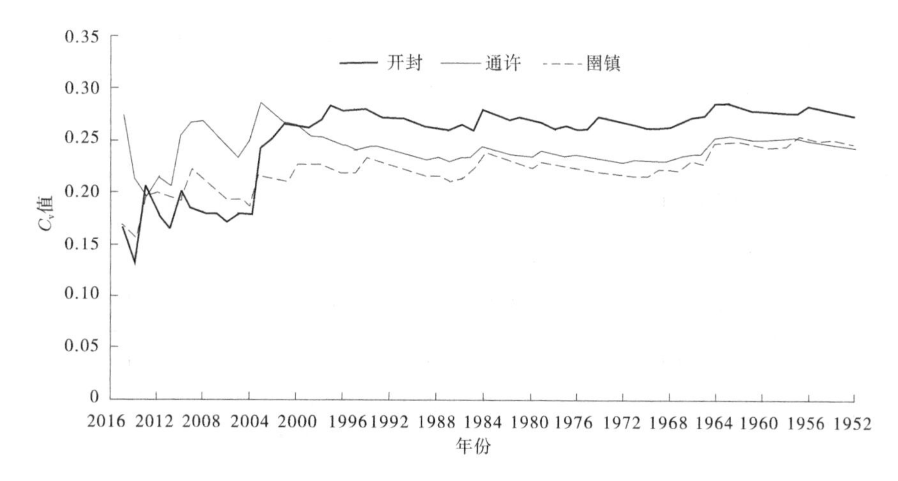

图 2-3 开封、通许、圉镇站降水量 C_v 值逆时序累积过程线

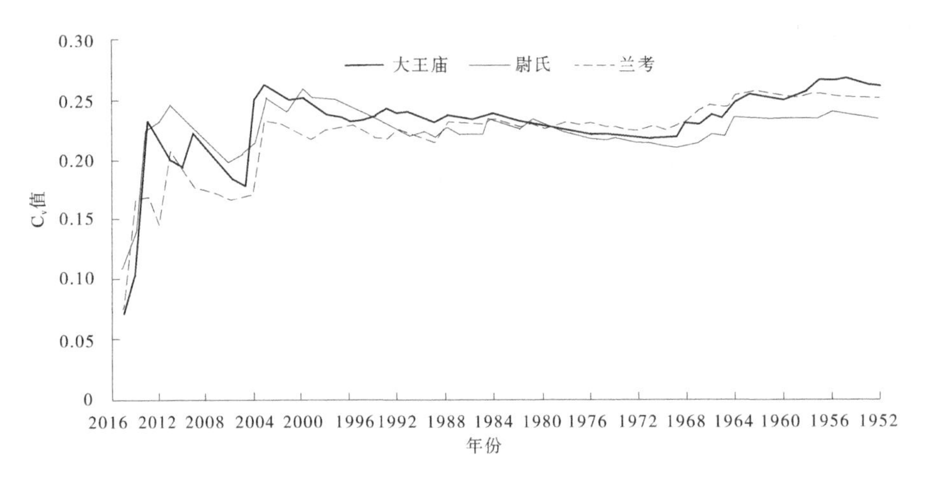

图 2-4　大王庙、尉氏、兰考站降水量 C_v 值逆时序累积过程线

从图 2-2~图 2-4 可看出，各选用长系列代表雨量站降水量均值和 C_v 值逆时序逐年累积平均过程线在 1956 年前后均能达到稳定或相对稳定。

（二）长短系列统计参数对比分析

计算 1956~2016 年、1956~1979 年、1971~2016 年和 1980~2016 年 4 个样本系列和 1952~2016 年长系列年降水量均值和 C_v 值，从长短系列统计参数的比较分析，评定不同长度系列的代表性。不同系列统计参数见表 2-1。可以看出，1956~2016 年系列，开封站、通许站、大王庙站及尉氏站的年降水量均值与长系列相差不大且均偏大，偏大范围在 0.1%~0.92%，圉镇、兰考的 1956~2016 年系列年降水均值比长系列偏小，范围在 0.13~0.63；变差系数 C_v 与长系列比较，变化范围在 1.72%~3.15%，基本一致。

表 2-1　代表站长短系列统计参数对比

站名	年数	系列	均值(mm)	相对误差(%)	C_v	相对误差(%)
开封	65	1952~2016 年	598.5		0.276 7	
	61	1956~2016 年	599.0	0.10	0.285 5	3.15
	24	1956~1979 年	633.5	5.85	0.286 0	3.33
	46	1971~2016 年	588.9	-1.59	0.271 8	-1.79
	37	1980~2016 年	576.7	-3.63	0.282 1	1.94
通许	65	1952~2016 年	652.9		0.248 7	
	61	1956~2016 年	655.4	0.38	0.253 0	1.72
	24	1956~1979 年	705.2	8.01	0.244 2	-1.83
	46	1971~2016 年	643.9	-1.37	0.237 8	-4.38
	37	1980~2016 年	623.1	-4.57	0.249 4	0.28

续表 2-1

站名	年数	系列	均值(mm)	相对误差(%)	C_v	相对误差(%)
圉镇	65	1952~2016 年	632.8		0.249 3	
	61	1956~2016 年	632.0	-0.13	0.255 3	2.39
	24	1956~1979 年	670.6	5.96	0.270 7	8.59
	46	1971~2016 年	613.3	-3.09	0.225 7	-9.49
	37	1980~2016 年	607.0	-4.08	0.236 9	-4.96
大王庙	65	1952~2016 年	665.0		0.249 3	
	61	1956~2016 年	671.1	0.92	0.255 3	2.39
	24	1956~1979 年	685.6	3.09	0.270 7	8.59
	46	1971~2016 年	659.8	-0.78	0.225 7	-9.49
	37	1980~2016 年	661.7	-0.49	0.236 9	-4.96
尉氏	65	1952~2016 年	675.0		0.234 3	
	61	1956~2016 年	678.6	0.53	0.238 5	1.80
	24	1956~1979 年	689.9	2.21	0.252 8	7.87
	46	1971~2016 年	674.0	-0.14	0.214 6	-8.40
	37	1980~2016 年	671.2	-0.56	0.231 3	-1.29
兰考	65	1952~2016 年	628.3		0.249 5	
	61	1956~2016 年	624.3	-0.63	0.256 1	2.66
	24	1956~1979 年	675.2	7.46	0.257 2	3.11
	46	1971~2016 年	606.6	-3.46	0.236 1	-5.36
	37	1980~2016 年	591.3	-5.88	0.242 1	-2.95

(三)长短系列不同年型的频次分析

对不同样本系列进行适线,将适线后长系列的频率曲线代表总体分布,按年降水量频率小于 12.5%、12.5%~37.5%、37.5%~62.5%、62.5%~87.5%和大于 87.5%分别划分为丰水年、偏丰水年、平水年、偏枯水年和枯水年 5 种年型,统计各系列不同年型出现的频次,若某一短系列 5 种年型出现的频次接近于长系列的频次分布,则认为该短系列的代表性最好。代表站年降水量长短系列丰、平、枯年型频次统计情况见表 2-2。

(四)连丰、连枯水年统计分析

连丰分析一般采用偏丰水年和丰水年,$p_i > (\overline{p_N} + 0.33\sigma)$,相应频率 $p < 37.5\%$;连枯分析采用偏枯水年和枯水年,$p_i < (\overline{p_N} - 0.33\sigma)$,相应频率 $p > 62.5\%$。其中,$\overline{p_N}$ 为多

年平均年降水量;p_i 为逐年年降水量;σ 为均方差。

$$\sigma = \sqrt{\frac{\sum_{i=1}^{n}(p_i - \bar{p}_N)^2}{n-1}}$$

按照上述标准判别偏丰水年和丰水年、偏枯水年和枯水年,选择持续时间 2 年或 2 年以上的连丰年和连枯年。从选用站长系列年降水量连丰、连枯分析成果看,连丰年出现次数为 3~7,通许站连丰年出现次数最多,为 7 次;开封站连丰年仅出现 3 次,连丰年持续时间为 3~4 年;连枯年出现次数在 3~8,圉镇站连枯年出现次数最多,为 8 次;通许站连枯年出现次数最少,为 3 次,连枯年持续时间为 3~4 年。

1956~2016 年系列中,开封、通许、圉镇、大王庙在连丰、连枯年出现次数和持续时间上与长系列一致,尉氏、兰考站连丰、连枯年出现次数略少于长系列,连丰、连枯年持续时间与长系列基本一致。代表站连丰、连枯年统计分析情况见表 2-2。

表 2-2 代表站长短系列丰、平、枯年型频次统计

站名	年数	系列	丰水年		偏丰水年		平水年		偏枯水年		枯水年	
			年数	频次	年数	频次	年数	频次	年数	频次	年数	频次
开封	65	1952~2016 年	9	13.8	15	23.1	17	26.2	14	21.5	10	15.4
	61	1956~2016 年	8	13.1	15	24.6	14	23.0	15	24.6	9	14.8
	24	1956~1979 年	3	12.5	7	29.2	4	16.7	6	25.0	4	16.7
	46	1971~2016 年	6	13.0	10	21.7	12	26.1	11	23.9	7	15.2
	37	1980~2016 年	4	10.8	9	24.3	9	24.3	9	24.3	6	16.2
通许	65	1952~2016 年	9	13.8	17	26.2	16	24.6	13	20.0	10	15.4
	61	1956~2016 年	8	13.1	16	26.2	16	26.2	12	19.7	9	14.8
	24	1956~1979 年	2	8.3	6	25.0	7	29.2	6	25.0	3	12.5
	46	1971~2016 年	7	15.2	12	26.1	12	26.1	7	15.2	8	17.4
	37	1980~2016 年	4	10.8	10	27.0	9	24.3	10	27.0	4	10.8
圉镇	65	1951~2016 年	9	13.8	15	23.1	14	21.5	18	27.7	9	13.8
	61	1956~2016 年	9	14.8	14	23.0	13	21.3	17	27.9	8	13.1
	24	1956~1979 年	2	8.3	7	29.2	6	25.0	5	20.8	4	16.7
	46	1971~2016 年	6	13.0	10	21.7	11	23.9	13	28.3	6	13.0
	37	1980~2016 年	5	13.5	7	18.9	10	27.0	11	29.7	4	10.8

续表 2-2

站名	年数	系列	丰水年		偏丰水年		平水年		偏枯水年		枯水年	
			年数	频次	年数	频次	年数	频次	年数	频次	年数	频次
大王庙	65	1952~2016 年	9	13.8	13	20.0	18	27.7	16	24.6	9	13.8
	61	1956~2016 年	6	9.8	15	24.6	16	26.2	16	26.2	8	13.1
	24	1956~1979 年	3	12.5	6	25.0	7	29.2	4	16.7	4	16.7
	46	1971~2016 年	8	17.4	8	17.4	11	23.9	14	30.4	5	10.9
	37	1980~2016 年	6	16.2	6	16.2	9	24.3	12	32.4	4	10.8
尉氏	65	1952~2016 年	6	9.2	18	27.7	19	29.2	14	21.5	8	12.3
	61	1956~2016 年	6	9.8	17	27.9	17	27.9	14	23.0	7	11.5
	24	1956~1979 年	2	8.3	7	29.2	8	33.3	4	16.7	3	12.5
	46	1971~2016 年	4	8.7	13	28.3	13	28.3	12	26.1	4	8.7
	37	1980~2016 年	3	8.1	11	29.7	9	24.3	10	27.0	4	10.8
兰考	65	1952~2016 年	8	12.3	17	26.2	15	23.1	16	24.6	9	13.8
	61	1956~2016 年	8	13.1	15	24.6	13	21.3	16	26.2	9	14.8
	24	1956~1979 年	2	8.3	10	41.7	0	0	8	33.3	3	12.5
	46	1971~2016 年	7	15.2	9	19.6	11	23.9	12	26.1	7	15.2
	37	1980~2016 年	4	10.8	12	32.4	5	13.5	12	32.4	4	10.8

第二节　降水量时空分布特征

一、区域分布

降水量的大小与水汽输入量、天气系统的活动情况、地形及地理位置等因素有关，根据选用雨量站资料，绘制开封市多年平均（1956~2016 年系列）年降水量等值线图，如图 2-5 所示。

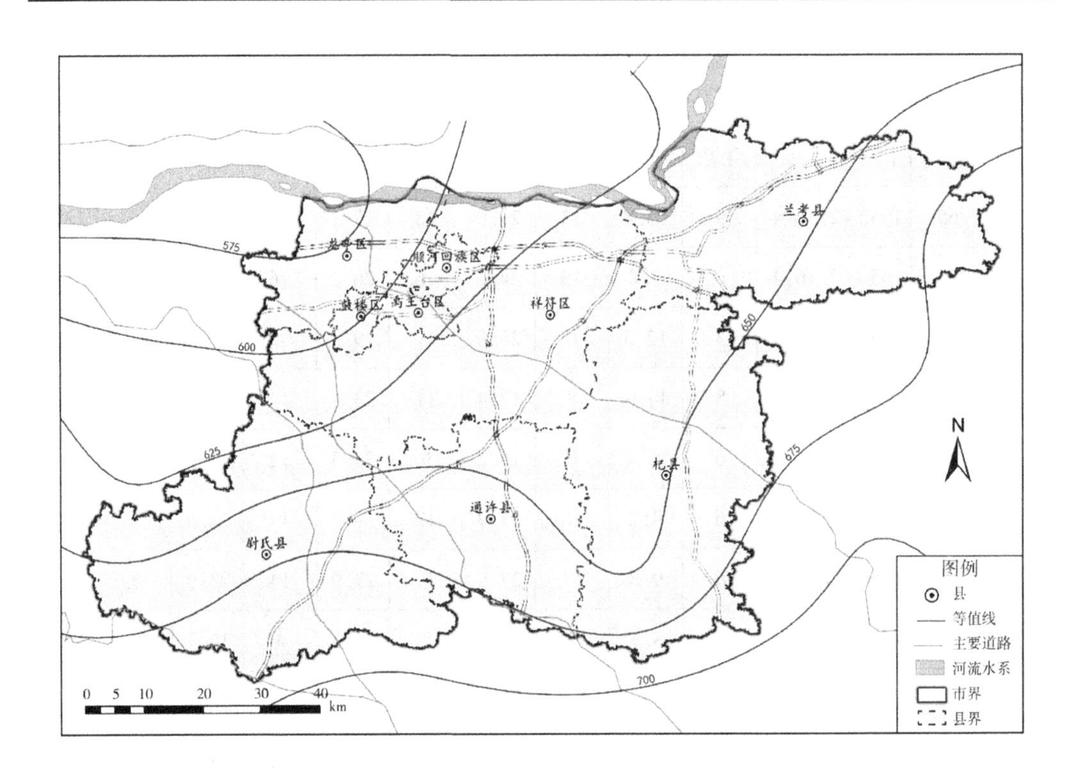

图 2-5　开封市 1956~2016 年多年平均降水量等值线图

从多年平均降水量等值线图中可以看出，开封市年降水量分布相对均匀，总体上呈现由西向东增加的特点。

二、年际变化

温带大陆性季风气候的不稳定性和天气系统的多变性，造成年际之间降水量差别很大。开封市降水的年际变化较为剧烈，主要表现为最大与最小年降水量的比值（极值比）较大，年降水量变差系数 C_v 较大和年际间丰枯变化频繁等特点。

年降水量变差系数 C_v 值的大小反映出降水量的多年变化情况，C_v 值越小，降水量年际变化越小；C_v 值越大，降水量年际变化越大，开封市主要代表雨量站年降水量变差系数 C_v 一般为 0.21~0.29。

开封市主要雨量站年降水量极值比一般为 3.1~3.9；极值比最大的站点为通许雨量站，1964 年降水量为 1 095.4 mm，2012 年降水量仅 278.4 mm，年降水量极值比达 3.9。主要代表站降水量极值比情况见表 2-3。

从表 2-3 中还可以看出，代表站降水量最大和最小年份出现时间的同步性较好，降水量最大的年份出现在 1964 年，最小年份出现在 2012 年，这说明开封市区域之间降水量年际变化较为一致，这也反映出开封市在全境范围出现严重干旱和洪涝的可能性较大。

表 2-3　主要代表站 1956~2016 年系列降水量极值比、极差情况统计

雨量站站名	最大年		最小年		极值比
	降水量(mm)	出现年份	降水量(mm)	出现年份	
开封	974.7	2003	300.1	1966	3.2
通许	1 095.4	1964	278.4	2012	3.9
圉镇	1 067.0	1964	303.4	1966	3.5
大王庙	1 108.3	1957	314.1	1968	3.5
尉氏	1 130.1	1964	360.9	2013	3.1
兰考	967.3	2003	289.4	1988	3.3

三、年内分配

开封市多年平均降水量年内分配的特点表现为年内分配不均匀、降水主要集中在汛期、季节分配不均且最大最小月相差较大等。这与水汽输送的季节变化有密切关系。开封市境内汛期起讫时间一致,汛期为 6~9 月。汛期降水集中,多年平均汛期降水量为 599.0~678.6 mm,汛期 4 个月的降水量占全年的 65.1%~68.0%。

年内降水量变化较大,夏季 6~8 月降水最多,降水量为 340.0~378.2 mm,占全年降水量的 54.1%~56.8%。春季降水量 108.7~127.2 mm,占年降水量的 18.1%~19.5%。秋季降水量为 124.3~143.9 mm,占年降水量的 20.0%~21.3%。冬季降水量最少,降水量 26.0~33.4 mm,占年降水量的 4.3%~5.3%。

年内各月份之间降水量不等,降水最大月与最小月悬殊较大。多年平均以 7 月降水量最多,降水量为 158.0~172.8 mm,占全年的 25.0%~26.5%。最小月降水多出现在 1 月,降水量一般为 8.1~9.8 mm,占年降水量的 1.4%左右。同站最大月降水是最小月降水的 16.4~21.2 倍。

不同频率典型年降水量的年内分配特点,类似于多年平均情况。其年内分配的不均匀程度与频率大小成反向变化,即丰水年分配不均匀程度大于枯水年,其原因是丰水年与枯水年判断方式主要取决于汛期雨量的多少。开封市主要代表雨量站多年平均降水量年内分配情况见表 2-4。

表 2-4　代表站多年平均降水量年内分配情况

雨量站	年降水量（mm）	汛期		3~5 月		6~8 月		9~11 月		12 月至翌年 2 月		最大月		最小月		最大月与最小月倍比
		降水量（mm）	占比（%）	降水量（mm）	占比（%）	降水量（mm）	占比（%）	降水量（mm）	占比（%）	降水量（mm）	占比（%）	降水量（mm）	占比（%）	降水量（mm）	占比（%）	
开封	599.0	407.1	68.0	108.7	18.1	340.0	56.8	124.3	20.7	26.0	4.3	158.9	26.5	8.4	1.4	18.9
通许	655.4	435.0	66.4	124.4	19.0	364.4	55.6	135.3	20.6	31.3	4.8	172.5	26.3	9.2	1.4	18.8
圉镇	632.0	411.2	65.1	123.3	19.5	342.2	54.1	133.1	21.1	33.4	5.3	158.0	25.0	9.7	1.5	16.3
大王庙	671.1	449.6	67.0	127.2	18.9	378.2	56.4	134.4	20.0	31.3	4.7	172.8	25.7	8.1	1.2	21.3
尉氏	678.6	449.7	66.3	126.3	18.6	375.4	55.3	143.9	21.2	33.1	4.9	171.6	25.3	9.8	1.4	17.5
兰考	635.4	421.6	66.3	123.9	19.5	347.5	54.7	135.4	21.3	28.6	4.5	160.1	25.2	8.5	1.3	18.8

第三节　分区降水量

一、计算方法

分区降水量(面平均降水量)的计算方法较为常用的有算术平均值法、面积加权法、等值线图量算法和网格法。本次采用泰森多边形法,将水资源三级区套县级行政区作为最小计算单元,在单站降水量计算成果的基础上,采用泰森多边形法计算每个计算单元的面平均降水量,进而采用面积加权法计算水资源各级分区、县级行政区和全市的面平均降水量。

水资源三级分区降水量计算公式如下:

$$\overline{P}_j = \sum_{i=1}^{n_j} P_{ij} \frac{f_{ij}}{F_j}$$

式中:$\overline{P}_j$ 为第 j 水资源四级区降水量;F_j 为第 j 水资源四级区面积;P_{ij} 为第 j 水资源四级区第 i 雨量站的降水量;f_{ij} 为第 j 水资源四级区第 i 雨量站代表的面积;n_j 为第 j 水资源四级区雨量站数。

行政分区降水量计算公式如下:

$$\overline{P} = \sum_{i=1}^{n} P_i R_i$$

式中:$\overline{P}$ 为行政分区降水量;R_i 为水资源四级区权重;P_i 为水资源四级区降水量;n 为水资源四级区个数。

二、分区降水量成果

(一)1956~2016 年系列降水量

开封市 1956~2016 年系列,平均年降水量 646.4 mm,相应降水总量 40.5 亿 m^3。其中,涡河流域年均降水量 645.2 mm,相应降水总量 38.0 亿 m^3,占全市降水量的 93.9%,黄河流域年均降水量 666.0 mm,相应降水总量 2.5 亿 m^3,占全市降水量的 6.1%。

(二)1980~2016 年系列降水量

开封市 1980~2016 年系列,平均年降水量 621.5 mm,相应降水总量 38.9 亿 m^3。其中,淮河流域平均年降水量 620.6 mm,降水总量为 36.6 亿 m^3,占全市降水量的 94.0%;黄河流域平均年降水量 635.3 mm,降水总量为 2.3 亿 m^3,占全市降水量的 6.0%。

不同频率年降水量,根据系列均值、变差系数 C_v,采用 P-Ⅲ型曲线适线拟合。均值采用算术平均值,C_v 先用矩法计算,经适线后确定,C_s/C_v=2.0~2.5。适线时要按平水年、枯水年点据的趋势定线,特大值、特小值不做处理。开封市各流域、行政分区多年平均降水量及特征值成果见表 2-5、表 2-6。

表 2-5　开封市流域分区多年平均降水量及特征值成果

流域	水资源分区	计算面积（km^2）	系列年限	年降水量（mm）	C_v	C_s/C_v	不同频率年降水量(mm)			
							20%	50%	75%	95%
黄河流域	花园口以下干流区间	369	1956~2016 年	666.0	0.24	2.5	773.9	658.4	574.6	467.2
			1980~2016 年	635.3	0.24	2	735.7	627.4	548.7	447.6
淮河流域	涡河区	4 214	1956~2016 年	638.7	0.25	2	758.5	628.4	535.6	419.1
			1980~2016 年	612.1	0.24	2.5	718.7	602.9	519.6	413.9
	沙颍河平原区	915	1956~2016 年	658.2	0.24	2	780.8	640.8	547.5	440.4
			1980~2016 年	637.9	0.25	2	750.9	627.9	539.6	428.0
	南四湖区	763	1956~2016 年	665.3	0.24	2	796.5	653.3	551.8	425.4
			1980~2016 年	646.8	0.24	2.5	773.5	634.3	535.6	412.7
合计		6 261	1956~2016 年	646.4	0.24	2.5	764.5	636.6	545.1	429.7
			1980~2016 年	621.5	0.23	2	727.6	612.4	529.5	423.9

表 2-6 开封市行政分区多年平均降水量及特征值成果

行政分区	计算面积（km^2）	系列年限	年降水量（mm）	C_v	C_s/C_v	不同频率年降水量(mm)			
						20%	50%	75%	95%
龙亭区	370	1956~2016 年	573.3	0.26	2	700.2	559.9	462.0	342.7
		1980~2016 年	541.7	0.25	2	655.3	532.5	443.6	329.7
顺河回族区	72	1956~2016 年	598.2	0.24	2	736.2	582.9	476.6	348.1
		1980~2016 年	576.7	0.23	2	706.5	560.0	459.8	340.6
鼓楼区	62	1956~2016 年	598.2	0.25	2.5	736.2	582.9	476.6	348.1
		1980~2016 年	576.7	0.25	2	707.3	561.5	460.3	337.6
禹王台区	60	1956~2016 年	614.5	0.25	2.5	744.8	601.5	500.9	377.2
		1980~2016 年	585.7	0.26	2.5	707.1	572.9	478.4	362.0
祥符区	1 264	1956~2016 年	632.0	0.26	2	755.4	620.8	525.3	406.2
		1980~2016 年	597.8	0.26	2	709.2	587.3	500.3	391.2
杞县	1 258	1956~2016 年	649.3	0.25	2	778.7	637.4	537.3	412.9
		1980~2016 年	625.8	0.25	2.5	738.1	615.7	528.0	417.3
通许县	768	1956~2016 年	657.7	0.24	2	785.7	646.3	547.3	423.7
		1980~2016 年	631.8	0.23	2	748.6	621.0	529.9	415.4
尉氏县	1 299	1956~2016 年	660.8	0.25	2.5	785.4	650.0	553.5	432.5
		1980~2016 年	642.9	0.24	2.5	756.0	632.9	544.5	432.6
兰考县	1 108	1956~2016 年	666.9	0.23	2	789.0	656.7	562.1	442.8
		1980~2016 年	645.5	0.25	2.5	761.5	635.0	544.4	430.1
合计	6 261	1956~2016 年	646.4	0.25	2	764.5	636.6	545.1	429.7
		1980~2016 年	621.5	0.24	2.5	727.6	612.4	529.5	423.9

三、不同系列降水量比较

通过1956~1979年、1980~2016年和2001~2016年3个系列与1956~2016年系列年均降水量比较,以反映不同系列降水丰枯变化情况。

开封市1956~1979年系列多年平均降水量相比于1956~2016年系列偏多6.3%,其中,流域三级各分区偏多幅度在4.6%~7.5%,各行政分区偏多幅度在4.5%~8.8%;1980~2016年系列与1956~2016年系列相比,全市多年平均降水量偏少3.9%,水资源三级各分区偏少幅度在2.8%~4.6%,各行政分区偏少幅度在2.7%~5.5%;2001~2016年系列与1956~2016年系列相比,全市多年平均降水量偏少4.8%,流域三级各分区偏少幅度在1.4%~6.6%,各行政分区偏少幅度在1.0%~8.3%。各行政区不同系列年均降水量比较情况与全市及流域基本一致。

总体来看,1956~1979年系列年均降水量最丰,1980~2016年系列最枯,这与20世纪八九十年代降水量总体偏枯趋势相一致。从长系列时间范围来看,降水总的趋势仍是减少。开封市各分区不同系列年降水量比较情况见表2-7。

表2-7　开封市各分区不同系列年降水量对比

分区	1956~2016年	1956~1979年		1980~2016年		2001~2016年	
	年均值(mm)	年均值(mm)	幅度(%)	年均值(mm)	幅度(%)	年均值(mm)	幅度(%)
南四湖区	665.3	696.1	4.6	646.8	-2.8	656.2	-1.4
沙颍河平原区	658.2	691.7	5.1	637.9	-3.1	633.0	-3.8
涡河区	638.7	681.9	6.8	612.1	-4.2	603.5	-5.5
花园口以下干流区间	666.0	715.7	7.5	635.3	-4.6	622.2	-6.6
龙亭区	573.3	624.0	8.8	541.7	-5.5	560.9	-2.2
顺河回族区	598.2	633.5	5.9	576.7	-3.6	592.5	-1.0
鼓楼区	598.2	633.5	5.9	576.7	-3.6	592.5	-1.0
禹王台区	614.5	661.1	7.6	585.7	-4.7	588.4	-4.3
祥符区	632.0	686.9	8.7	597.8	-5.4	579.6	-8.3
杞县	649.3	687.8	5.9	625.8	-3.6	609.7	-6.1
通许县	657.7	700.0	6.4	631.8	-3.9	625.4	-4.9
尉氏县	660.8	690.7	4.5	642.9	-2.7	638.4	-3.4
兰考县	666.9	702.2	5.3	645.5	-3.2	650.8	-2.4
开封市	646.4	687.1	6.3	621.5	-3.9	615.3	-4.8

四、不同年代降水量变化

从全市不同年代年均降水量变化情况来看,20 世纪 50 年代年均降水量最大,21 世纪之后降水量最小,20 世纪 50~80 年代呈明显减少趋势,之后稍有增加,2000 年以后继续呈减少趋势。

开封市各流域分区,20 世纪五六十年代降水量偏丰,80 年代后开始减少,2011~2016 年降水量偏枯。

开封市流域分区不同年代降水量比较情况详见表 2-8 和图 2-6。

表 2-8 开封市流域分区不同年代降水量对比 (单位:mm)

分区	1956~1960 年	1961~1970 年	1971~1980 年	1981~1990 年	1991~2000 年	2001~2010 年	2011~2016 年
南四湖区	688.7	680.4	698.7	611.7	679.1	699.0	584.8
沙颍河平原区	725.2	691.7	665.4	658.4	629.7	689.9	538.1
涡河区	708.9	662.8	677.0	608.9	632.7	657.0	514.3
花园口以下干流区间	723.6	705.1	714.6	634.1	657.3	652.0	572.4

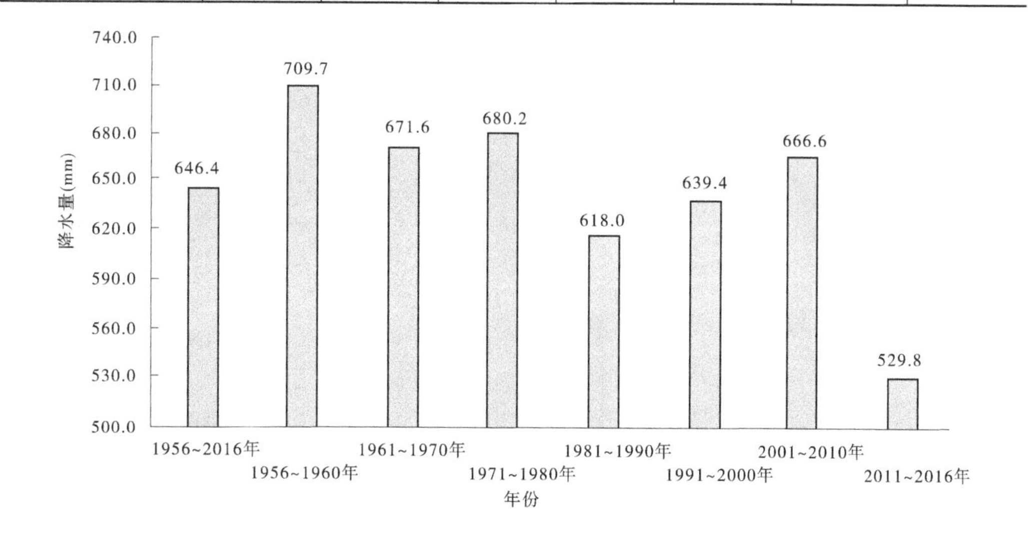

图 2-6 开封市不同年代降水量对比图

各行政分区的情况与流域分区的情况基本相同,20 世纪 50 年代降水量最丰,60~80 年代降水量逐步减少,随后 21 世纪初降水量有所增加,2011~2016 年降水量大幅度减少,属于偏枯。

开封市行政分区不同年代降水量对比见表 2-9。

表 2-9　开封市行政分区不同年代降水量对比　(单位:mm)

分区	1956~1960年	1961~1970年	1971~1980年	1981~1990年	1991~2000年	2001~2010年	2011~2016年
龙亭区	678.2	599.0	610.8	518.5	537.0	586.0	519.0
顺河回族区	695.8	598.2	625.2	552.8	582.1	625.1	538.1
鼓楼区	695.8	598.2	625.2	552.8	582.1	625.1	538.1
禹王台区	698.9	619.0	673.8	565.9	604.2	630.6	518.0
祥符区	703.1	658.2	697.7	611.9	613.6	633.7	489.6
杞县	718.3	683.7	666.5	620.0	661.4	659.0	527.7
通许县	712.5	678.1	704.5	628.8	649.5	702.2	497.6
尉氏县	725.6	684.3	670.2	659.1	638.6	695.9	542.5
兰考县	699.7	690.0	700.7	610.8	680.9	687.9	589.0
开封市	709.7	671.6	680.2	618.0	639.4	666.6	529.8

第三章　蒸　发

第一节　水面蒸发

天然条件下的蒸发是水循环中的重要环节之一,对水循环有着重要的影响。蒸发量的大小一般用蒸发能力来表示,蒸发能力是指充分供水条件下的陆面蒸发量,一般以自然水体的水面蒸发量作为一个地区蒸发能力的反映指标,可用 E-601 型蒸发器观测的水面蒸发量代替。

水面蒸发主要受气压、气温、地温、湿度、风力、辐射等气象因素的综合影响。一般而言,气温随高程的增加而降低,风速和日照随高程的增加而增大,综合影响结果是随高程的增加蒸发能力相应减少;平原区的蒸发能力大于山丘区;水土流失严重、植被稀疏、干旱高温地区的蒸发能力大于植被良好、湿度较大的地区。

一、基本资料情况

开封市境内有 5 处水文系统的蒸发站,平均站网密度 1 252 km^2/站。本次评价中在对蒸发站进行选取时,要求数据资料质量好、系列完整、面上分布均匀且能反映不同地形变化对蒸发的影响等因素。经综合考虑,本次评价综合水文系统和气象系统蒸发站,选用了开封、兰考、杞县、尉氏、通许 5 个蒸发站观测资料。

目前,常用的观测器(皿)有 E-601 型蒸发器(简称 E-601)、80 cm 口径套盆式蒸发器(简称 ϕ 80)和 20 cm 口径小型蒸发器(简称 ϕ 20)三种型号。20 世纪 80 年代以前,水文系统的蒸发资料以 ϕ 80 蒸发器为主结合使用 ϕ 20 蒸发器,80 年代以后,逐步采用 E-601 型蒸发器结合 ϕ 20 蒸发器进行观测。气象部门主要应用 ϕ 20 cm 蒸发器进行观测,观测器(皿)的口径不同,观测的水面蒸发量也随之不同,需对其数据资料逐年、逐月统一换算成 E-601 型蒸发器的蒸发量。本次评价,2000 年以前折算系数采用第二次全国水资源调查评价成果,2000 年以后采用气象部门推荐折算系数。开封市各蒸发站均采用表 3-1 的折算系数进行换算。

表 3-1　选用蒸发站 ϕ 20 与 E-601 折算系数

时间	1 月	2 月	3 月	4 月	5 月	6 月	7 月	8 月	9 月	10 月	11 月	12 月
2000 年以前	0.60	0.61	0.56	0.57	0.56	0.58	0.60	0.68	0.76	0.70	0.71	0.70
2000 年以后	0.62	0.60	0.60	0.58	0.60	0.57	0.06	0.65	0.66	0.66	0.68	0.67

二、区域蒸发量年际变化和年内分配

(一)年际变化

根据5个蒸发代表站1965~2016年水面蒸发量系列资料,以1980~2016年系列和1965~2016年三个时段进行对比分析。由表3-2可以看出,1980~2016年系列水面蒸发量均值普遍较1965~2016年均值偏小,而2001~2016年水面蒸发量均值又比1980~2016年均值偏小,即1980年以后水面蒸发量总体上呈现下降趋势。

表3-2 代表站不同系列水面蒸发量对比(E-601蒸发器)

站名	1965~2016年	1980~2016年	2001~2016年	1980~2016年比1965~2016年偏小比例(%)	2001~2016年比1980~2016年偏小比例(%)
兰考	1 075.2	996.4	905.7	-7.3	-15.8
杞县	923.8	839.3	751.7	-9.1	-18.6
开封	1 111.6	1 031.6	1 015.8	-7.2	-8.6
尉氏	913.6	859.1	834.9	-6.0	-8.6
通许	899.9	846.2	697.7	-6.0	-22.5

图3-1是开封市各代表站逐年蒸发量过程线。可以看出,水面蒸发量呈逐渐减小趋势,20世纪六七十年代蒸发量较大,80年代至今蒸发量处于低值期。

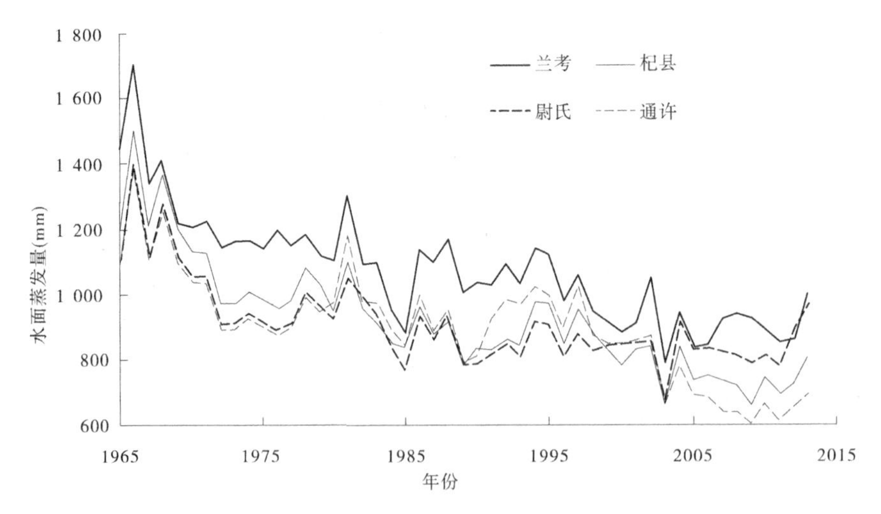

图3-1 代表站逐年蒸发量过程线

(二)年内分配

年内水面蒸发量受温度、湿度、风速和日照等气象因素年内变化的影响,在不同纬度、不同地形条件下的水面蒸发年内分配也不一致。

对开封市来说,蒸发量主要集中在5~8月,主要代表站最大连续4个月的多年平均蒸发量一般占年总量的49%~50%。主要代表站1965~2016年多年平均水面蒸发量年内分配比例见图3-2。

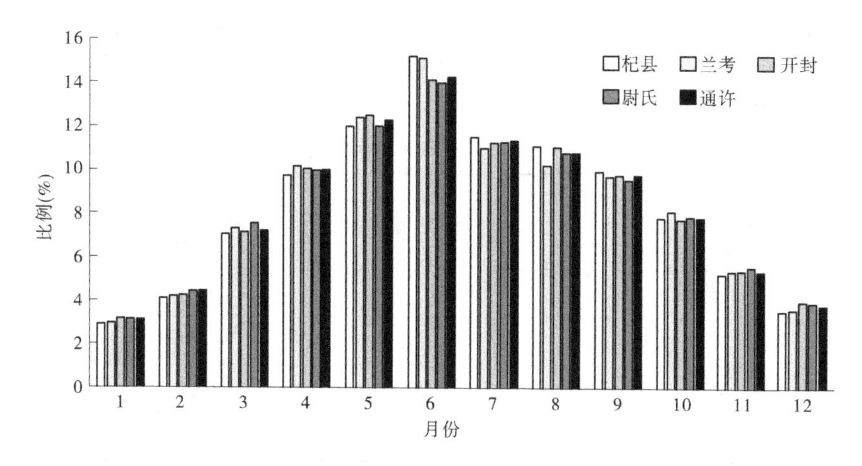

图3-2　主要代表站多年平均蒸发量年内分配比例

最大月蒸发量出现在6月,多年平均最大月蒸发量占年总量的百分比一般为14.1%~15.2%;最小月出现在1月,占年蒸发量的2.9%~3.2%。多年平均最大月与最小月蒸发量的比值为4.4~5.3。

一年四季中:夏季蒸发量最大,不同代表站分别占年总量的36.3%~37.8%;春季大于冬季,不同代表站分别占年总量的28.8%~29.8%;秋季不同代表站蒸发量分别占年总量的22.8%~23.1%;冬季最小,不同代表站分别占年总量的10.5%~11.4%。代表站多年平均年水面蒸发量年内分配详见表3-3。

表3-3　代表站多年平均水面蒸发量年内分配

站名	多年平均蒸发量(mm)	四季蒸发量占年蒸发量的比例(%)				连续最大四个月占比		最大月占比		最小月占比		最大月与最小月倍比
		12月至翌年2月	3~5月	6~8月	9~11月	%	月份	%	月份	%	月份	
杞县	923.8	97.07	266.02	349.22	211.46	49.8	5~8	15.2	6	2.9	1	5.26
兰考	1 075.2	116.09	320.68	390.08	248.32	48.7	5~8	15.1	6	3.0	1	5.06
开封	1 111.6	126.73	329.60	404.33	253.95	48.9	5~8	14.1	6	3.2	1	4.44
尉氏	913.6	98.91	253.20	309.62	197.37	45.2	5~8	13.2	6	3.0	1	4.45
通许	899.9	95.80	249.48	307.56	193.38	45.7	5~8	13.4	6	2.9	1	4.59

第二节　干旱指数

干旱指数为年蒸发能力与年降水量的比值,是反映气候干湿程度的指标,因年蒸发能力与 E-601 蒸发器测得的水面蒸发量存在着线性关系，所以多年平均干旱指数采用多年平均 E-601 年水面蒸发量与多年平均年降水量之比。当干旱指数小于 1.0 时，降水量大于蒸发能力，表明该地区气候湿润；反之，当干旱指数大于 1.0 时，蒸发能力超过降水量，表明该地区偏于干旱。干旱指数愈大，干旱程度愈严重。根据干旱指数的大小，可进行气候的干湿分带，其划分标准见表 3-4。

表 3-4　气候分带划分等级

气候分带	干旱指数
十分湿润	<0.5
湿润	0.5~1.0
半湿润	1.0~3.0
半干旱	3.0~7.0
干旱	>7.0

根据代表站 1965~2016 年系列多年平均蒸发量和同步期降水量计算开封市不同区域多年平均干旱指数。从表 3-5 中可以看出，全市多年平均干旱指数为 1.55，属半湿润气候特征。不同区域干旱指数变幅不大，为 1.42~1.86。

表 3-5　全市不同区域多年平均干旱指数

区域	多年平均蒸发量(mm)	多年平均降水量(mm)	干旱指数
市区	1 111.6	596.1	1.86
祥符区	1 098.5	632.0	1.74
杞县	923.8	649.3	1.42
通许县	934.1	657.7	1.42
尉氏县	913.6	660.8	1.38
兰考县	1 075.2	666.9	1.61
全市	1 028.3	646.4	1.55

干旱指数的多年变化也可以用最大年与最小年干旱指数的比值来表征。开封市全区最干旱的年份是 1966 年，平均干旱指数为 3.96，表现为半干旱气候特征，而全区最湿润的年份为 2003 年，平均干旱指数为 0.75，表现为湿润气候特征。可见全区干旱指数年际间变化相当剧烈，跨越湿润到半干旱三个气候特征带的范围。

第四章　地表水资源量

地表水资源量是指河流、湖泊、冰川等地表水体中由当地降水形成的、可以逐年更新的动态水量，用天然河川径流量表示。天然河川径流量还原计算是区域地表水资源量评价计算的基础工作，河川径流量还原计算的精度和可靠性直接影响区域地表水资源量评价成果的质量。

受日益频繁的人类活动影响，天然状态下的河川径流特征一般已经发生了显著变化，依据水文站实测径流资料计算天然河川径流量，必须在取用水量资料还原的基础上进行。根据《全国水资源调查评价技术细则》和《河南省第三次水资源调查评价工作大纲》的技术要求，本次评价通过对选用水文站实测径流资料的还原计算和天然径流系列一致性分析处理，以能够较好地反映近期下垫面条件的一致性河川天然年径流系列，作为评价区域地表水资源量的基本依据。在单站天然河川径流量还原计算的基础上，提出全市水资源四级区及各县级行政区 1956~2016 年和 1980~2016 年系列地表水资源量系列评价成果。河川径流量同步期系列长度与降水量系列一致。

第一节　水文代表站及资料情况

凡观测资料符合规范规定，且观测资料系列较长的水文站，包括符合流量测验精度规范的国家级、省级基本水文站、专用水文站和委托站，均可作为水资源评价选用水文站，其中，大江大河及其主要支流的控制站、流域三级区套地级行政区及中等河流代表站、水利工程节点站为必选站。本次径流评价充分考虑开封市境内主要河流控制节点及流域水文站网分布情况，选取邸阁、大王庙 2 个基本水文站作为径流代表站，对实测径流进行逐年逐月还原计算，计算出历年逐月天然径流量系列。

水文站代表站实测径流资料，采用历年河南省水文年鉴刊印成果，对逐年、月径流资料进行整理、校核，并对部分缺测年、月径流资料进行了插补延长，插补延长时采用相关法、降雨径流关系法、面积比缩放法等多种方法，综合比较，合理选定。为了保证资料的全面系统性、质量可靠性和系列一致性，还收集了径流代表站断面以上流域取、用水情况，跨区域、流域调水，地下水开采及废污水排放等水资源开发利用基础数据。选用水文代表站基本情况见表 4-1。

表 4-1　选用水文代表站基本情况

地市	选用水文站	流域面积 (km^2)	位置信息				
			流域	水系	河名	东经	北纬
开封	大王庙	1 265	淮河	涡河	惠济河	114°51′	34°33′
开封	邸阁	898	淮河	涡河	涡河	114°29′	34°21′

本次河川径流评价按照 1956~2016 年共 61 年系列进行，对实测径流资料中部分缺测年、月径流资料进行了插补延长，插补延长时采用相关法、降雨径流关系法、面积比缩放法等多种方法，综合比较，合理选定，使其资料具有较高的质量。

第二节　天然河川径流还原计算

水资源调查和评价分析中采用的是天然河川径流，由于人类活动改变了流域下垫面的自然状态，通过兴建各种蓄、引、提等水利工程设施，或多或少地改变了河川径流的天然状态，使水文站断面的实测径流数值不能代表天然状态下的数值。因此，必须将受人类活动影响的这部分径流量还原到实测径流中去，即对实测径流量考虑人类活动消耗、增加和调蓄的水量，尽可能详尽地进行还原，这样才能保证径流量的样本一致性。天然河川径流的还原计算应遵循以下要求：

(1)对水文代表站和主要河川径流控制站的实测径流进行逐月还原计算，提出历年逐月的天然河川径流量。还原计算采用全面收集资料和典型调查相结合的方法，逐年逐月进行。

(2)还原计算分河系自上而下、按水文站控制断面分段进行，然后逐级累计成全流域的还原水量。对于还原后的天然年径流量，进行干支流、上下游和地区间的综合平衡分析，检查其合理性。

(3)对于资料缺乏地区，可按照用水的不同发展阶段选择丰、平、枯典型年，调查典型年用水耗损量及年内分配情况，推求其他年份的还原水量。

(4)在进行用水情况调查时，将地表水、地下水分开统计，只还原地表水利用的耗损量。还原的主要项目包括：农业灌溉、工业和生活用水的耗损量(含蒸发消耗和入渗损失)，跨流域引入、引出水量，河道分洪决口水量等。

一、还原计算方法

(一)单站逐项还原法

单站逐项还原法是在水文站实测径流量的基础上，采用逐项调查或测验方法补充收集流域内受人类活动影响水量的有关资料，然后进行分析还原计算，以求得能代表某一特定下垫面条件下的天然河川径流。其计算公式为

$$W_{天然} = W_{实测} + W_{农灌} + W_{工业} + W_{城镇生活} \pm W_{引水} \pm W_{分洪} \pm W_{库蓄} \pm W_{其他}$$

式中：$W_{天然}$为还原后的天然径流量；$W_{实测}$为水文站实测径流量；$W_{农灌}$为农业灌溉耗损量；$W_{工业}$为工业用水耗损量；$W_{城镇生活}$为城镇生活用水耗损量；$W_{引水}$为跨流域(或跨区间)引水量，引出为正，引入为负；$W_{分洪}$为河道分洪决口分量，分出为正，分入为负；$W_{库蓄}$为大中型水库蓄水变量，增加为正，减少为负；$W_{其他}$为矿坑排水以及地下水开采所产生的退水等。

1. 农业灌溉耗损量

农业灌溉耗损量是指农田、林果、草场引水灌溉过程中，因蒸发消耗和渗漏损失掉而不能回归到控制断面以上河道的水量。根据资料条件采用不同方法计算年还原量和年还原过程。

(1)当灌区内有年引水总量及灌溉回归系数资料时,采用以下公式计算农灌耗损量:

$$W_{农灌} = (1 - \beta)mF \quad 或 \quad W_{农灌} = (1 - \beta)W_{总}$$

式中:$W_{农灌}$为灌溉耗损量;β为灌区(包括渠系和田间)回归系数;m为灌溉毛定额;F为实灌面积;$W_{总}$为渠道引水总量。

(2)当灌区缺乏回归系数资料时,以灌溉净用水量近似地作为灌溉耗损量,即考虑田间回归水和渠系蒸发损失,两者能抵消一部分。

(3)当引水口在断面以上,退水口也在断面以上时,采用以下公式计算:

$$W_{净} = W_{引} - W_{退} \quad 或 \quad W_{农灌} = \alpha_{渠}(1 - \beta)W_{引}$$

式中:$W_{净}$、$W_{农灌}$为水文站控制断面以上灌溉净用水量、耗损量;$W_{引}$、$W_{退}$为水文站控制断面以上的引、退水量;$\alpha_{渠}$为渠系水量利用系数;β为田间回归系数。

(4)当引水口在断面上,退水口一部分在断面以上,一部分在断面以下时,还原水量采用以下公式计算:

$$W_{上还} = W_{上农} + \frac{A_{下}}{A}W_{引} \quad 和 \quad W_{下还} = W_{下农} - \frac{A_{下}}{A}W_{引}$$

式中:$W_{上还}$、$W_{下还}$为断面上、下游还原水量;$W_{上农}$、$W_{下农}$为断面上、下游农业耗损量;$A_{下}$、A分别为断面下游实灌面积、灌区总实灌面积。

2. 工业用水和城镇生活用水的耗损量

工业用水和城镇生活用水的耗损量包括用户消耗水量和输排水损失量,为取水量与入河废污水量之差。工业和城镇生活的耗损水量较小且年内变化不大,可按年计算还原水量,然后平均分配到各月。

(1)工业耗损量:在城市供水量调查的基础上,分行业调查年取水量、用水重复利用率。根据各行业的产值,计算出万元产值用水量和相应行业的万元产值耗水率。

(2)居民生活耗损量:城镇生活用水量通过自来水厂调查收集,其耗水量按下式进行计算:

$$W_{城镇生活} = \beta W_{用水}$$

式中:$W_{城镇生活}$为生活耗水量;β为生活耗水率;$W_{用水}$为生活用水量。

农村生活用水面广量小,对水文站实测径流量影响较小,可视具体情况确定是否进行还原。

3. 引入、引出量

耗损量只计算水文站断面以上自产径流利用部分,引入水量的耗损量不做统计。跨流域引水量一般根据实测流量资料逐年逐月进行统计,还原时引出水量全部作为正值,引入水量只将利用后的回归水量作为负值还原水量。跨区间引水量是指引水口在水文站断面以上、用水区在断面以下的情况,还原时将渠首引水量全部作为正值。

4. 河道分洪决口水量

河道分洪决口水量指河道分洪不能回归评价区域的水量,通常仅在个别丰水年份发生,可根据上、下游站和分洪口门的实测流量资料,蓄滞洪区水位、水位容积曲线及洪水调查等资料,采用用水量平衡法进行估算。

5. 水库蒸发和渗漏损失量

水库蒸发损失量属于产流下垫面的条件变化对河川径流的影响,宜与湖泊、洼淀等天然水面同样对待,不进行还原计算。开封没有大型水库,此项不再计算。

6. 蓄水变量计算

蓄水变量采用水库水位库容曲线进行估算。大型水库一般都有稳定的水位库容关系曲线,可通过实测水位查得水库蓄变量;中小型水库有实测资料时,计算方法同大型水库,无实测资料时,可根据有实测资料中小型水库,建立蓄变指标与时段降水量的关系,然后移到相似地区。

7. 其他项

根据区域内各河流水系具体情况计算不同的还原项,如沿河提灌量、补源灌溉水量、矿坑退水量等上述还原项中未考虑的都在其他项中给予还原。

(二)降水径流相关法

降水径流相关法是利用计算流域内降水系列资料和代表站天然径流计算成果,建立降水径流关系,或借用邻近河流下垫面条件相似的代表站降水径流关系,计算或插补延长缺资料及无资料流域的天然径流量。降水径流相关法适用于无实测径流资料及缺少调查水量资料的天然径流量计算或径流系列插补延长计算。对于受人类活动影响前后流域降雨关系有显著差异的地区,可以通过人类活动影响前后流域降雨径流关系的相关资料分析,研究流域受人类活动影响前后下垫面条件的变化对河川径流的影响程度。

(三)水文模型法

对于缺少水文资料、区域水量调查资料或难以用逐项还原法计算的河流或代表站,也可以采用水文模型法进行河川径流量计算。湿润地区可采用新安江模型,干旱或半干旱地区可采用 Tank 模型或其他适用的水文模型。

二、天然径流还原计算

邸阁水文站自 1977 年设立,大王庙水文站自 1964 年设立,根据资料情况,本次河川径流还原计算对大王庙水文站按照 1956~2016 年和 1980~2016 年两个系列资料开展,对邸阁站按照 1980~2016 年系列资料开展。

(一)大王庙水文站

大王庙水文站位于开封市杞县裴村店乡周岗村,控制流域面积 1 265 km^2,1956~2016 年多年平均实测径流量 2.188 4 亿 m^3,还原后天然径流量 0.778 1 亿 m^3,折合径流深 61.5 mm;1980~2016 年多年平均实测径流量 1.733 9 亿 m^3,还原后天然径流量 0.753 1 亿 m^3,折合径流深 59.5 mm。

(二)邸阁水文站

邸阁水文站位于开封市通许县邸阁乡赫庄,控制流域面积 898 km^2, 1980~2016 年多年平均实测径流量 0.746 6 亿 m^3,还原后天然径流量 0.503 7 亿 m^3,折合径流深 56.1 mm。

主要水文代表站 1956~2016 年和 1980~2016 年系列天然河川径流还原计算成果见表 4-2。

表 4-2　开封市代表水文站天然河川径流还原计算成果

站名	系列年限	实测水量（亿 m^3）	天然径流（亿 m^3）	径流深（mm）
大王庙	1956～2016 年	2.188 4	0.778 1	61.5
	1980～2016 年	1.733 9	0.753 1	59.5
邸阁	1980～2016 年	0.746 6	0.503 7	56.1

三、天然径流一致性分析

近二十年来，由于气候变化和人类活动影响的加剧，流域下垫面条件发生较大改变，导致流域入渗、蒸散发、径流等水文要素发生一定变化，从而引起产汇流过程发生变化，许多河流的径流呈现逐渐衰减的趋势。天然河川径流系列一致性分析旨在使河川径流还原计算成果能够反映近期流域下垫面变化情况和水资源及其开发利用的新情势、新变化。

天然河川径流一致性可以用降雨径流双累积曲线来检验天然河川径流系列一致性。所谓双累积曲线就是在直角坐标系中绘制同期两个变量连续累积值的关系线，它可用于水文气象要素一致性的检验、缺值的插补和资料校正，是检验两个参数间关系一致性及其变化的常用方法。通过点绘水文站控制范围内 1956～2016 年系列面平均降水量与天然河川径流量的双累积关系图，如果降水量与天然河川径流量关系有明显发生拐点的年份，则需对该拐点年份之前的系列进行修正；如果没有明显发生拐点的年份，可不进行修正。

图 4-1～图 4-4 为主要径流控制站降水径流关系图和双累积关系曲线图。可以看出，各径流控制站 2001～2016 年和 1956～2000 年系列年降水径流关系吻合较好，两者点据没有明显偏离现象；各控制站 1956～2016 年系列降水径流双累积关系也没有明显发生拐点的年份，表明本次评价主要河流控制站天然河川径流系列一致性较好，不需要对径流还原计算成果进行修正。

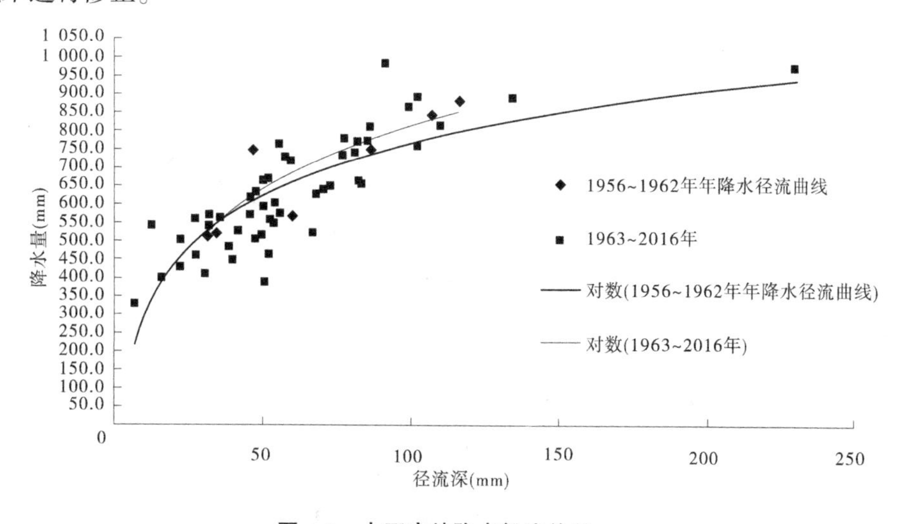

图 4-1　大王庙站降水径流关系

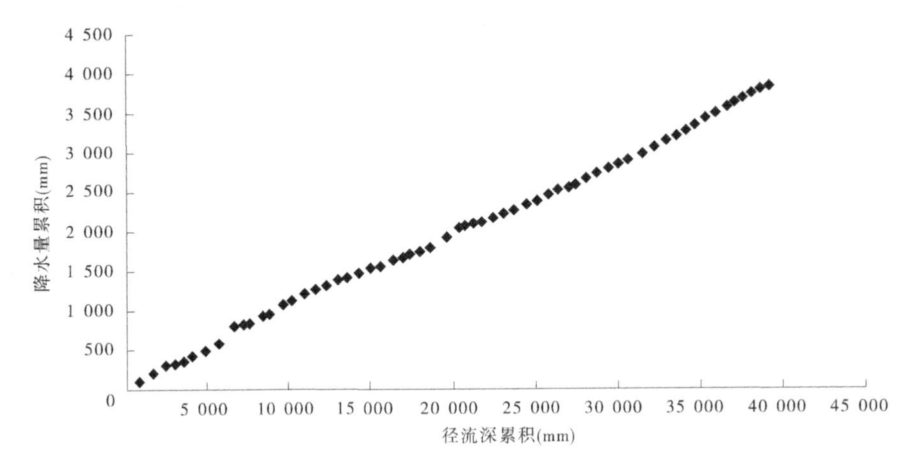

图 4-2　大王庙站降水径流双累积曲线

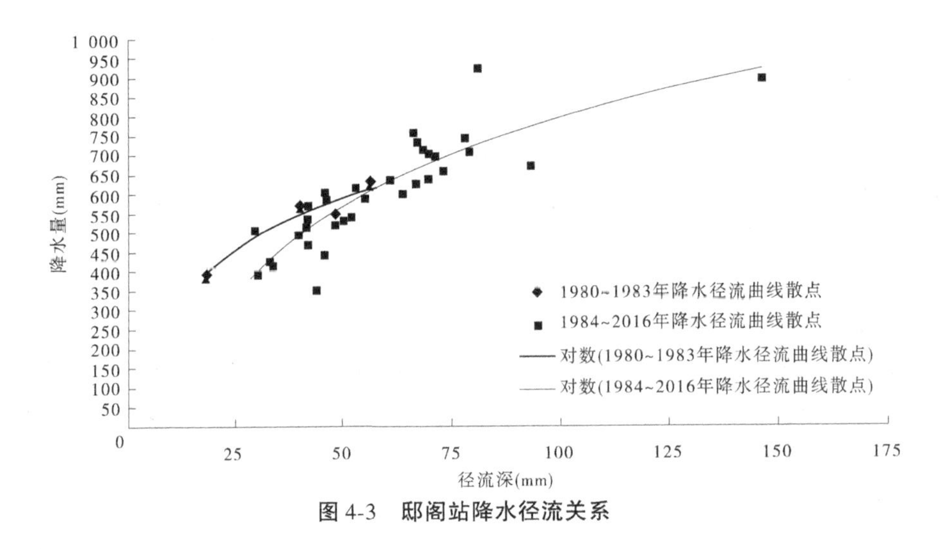

图 4-3　邸阁站降水径流关系

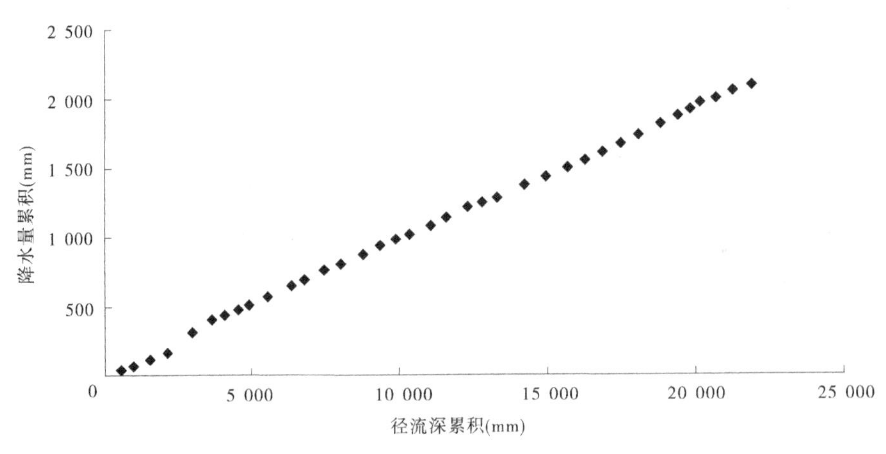

图 4-4　邸阁站降水径流双累积曲线

第三节　天然径流时空分布及演变趋势

开封市天然河川径流时空分布具有地区差异显著、年内分配不均、年际变化大等特点。

一、空间分布

受降水和下垫面条件的制约影响,径流量地区分布相似于降雨在区域上的分布,而在下垫面条件变化剧烈的地区,又主要取决于地形的变化。水文上常以 300 mm 径流深作为多水区与过渡区的分界。大王庙水文站的资料显示,1956～2016 年的平均径流深为 61.5 mm,判断本地区属于多水与少水之间的过渡区,邸阁站与大王庙站特征值相似,均为过渡区。径流分区与径流深关系情况见表 4-3。

表 4-3　径流分区与径流深关系

径流分区	径流深(mm)
丰水	>1 000
多水	300～1 000
过渡	50～300
少水	10～50
干涸	<10

二、年际变化

径流的多年变化较降雨更为剧烈,主要表现在年径流极值比悬殊、年径流变差系数变化较大和年际丰枯变化频繁的特点。

代表站最大与最小年径流量的极值比悬殊,相差 8 倍左右,年径流变差系数 C_v 值在地区分布上变幅在 0.40 左右,开封市大王庙站、邸阁站极值比和径流变差系数见表 4-4。

表 4-4　开封市代表站年径流量极值比和 C_v 统计

站名	最大年		最小年		极值比	C_v
	年径流量(亿 m^3)	出现年份	年径流量(亿 m^3)	出现年份		
大王庙	1.7	1984	0.204	1988	8.3	0.41
邸阁	1.314	1984	0.165	1981	7.9	0.40

三、年内分配

开封市河流的径流量大部分都是由降水补给的,呈现汛期径流比较集中、最大与最小月径流悬殊等特点,径流量月分配的不均匀性超过了降水量。连续最大 4 个月径流量多出现在 6~9 月,占全年的 70%左右。

最大月径流量占年径流量的比例在 20%以上,一般出现 8 月。最小月径流量一般出现在 1~2 月。开封市径流控制站最大、最小、连续最大 4 个月径流特征值统计详见表 4-5。

表 4-5　开封市多年平均月径流特征值统计

站名	多年平均值(亿 m^3)	最大月径流量			最小月径流量			连续最大 4 个月		
		径流量(亿 m^3)	占比(%)	出现月份	径流量(亿 m^3)	占比(%)	出现月份	径流量(亿 m^3)	占比(%)	出现月份
大王庙	0.78	0.43	20.90	8	0.05	2.53	2	1.35	65.93	6~9
邸阁	0.50	0.16	26.73	8	0.01	1.76	1	0.42	69.45	6~9

第四节　分区地表水资源量

分区地表水资源量是在单站天然河川径流量还原计算的基础上,利用水文比拟法计算流域三级区套县级行政区地表水资源量,最后按面积加权法分别计算流域分区和行政区地表水资源量。20 世纪 80 年代进行的第一次系统水资源评价已对 1956~1979 年系列的径流资料进行了还原,其还原成果反映了 20 世纪 50~70 年代的下垫面因素等产汇流条件和降水径流关系。本次评价将利用第一次评价成果,仅对 1980~2016 年系列的径流资料进行还原计算。对还原后的地表水资源量系列与 1956~1979 年系列的地表水资源量进行一致性分析,在两次成果产生系统偏离时对 1956~1979 年系列进行修正,得到能反映近期下垫面条件具有一致性的地表水资源量系列。

一、计算方法

(1)计算分区内有径流控制站时,当径流站控制区降水量与未控区降水量相差不大时,根据径流控制站天然河川径流量计算成果,按面积比折算为该分区的年径流量系列;当径流站控制区降水量与未控区降水量相差较大时,按面积比和降水量的权重折算分区年径流量系列。

$$W_{分区} = \sum_{1}^{i} W_{控} + W_{未控区间}$$

式中:$W_{分区}$、$W_{控}$、$W_{未控区间}$分别为计算分区、控制站、未控制区间(控制站以下至市界或河口)的水量。

对 $W_{未控区间}$的计算,因条件不同其计算方法有所差异,可分为以下几种形式:

①控制站水量系列的面积比缩放法。当分区内河流径流站(一个或几个)能控制该分区绝大部分集水面积,且测站上下游降水、产流等条件相近时,可根据控制站以上的年

径流深,计算未控制区间年径流量。

$$W_{未控区间} = \frac{\sum_{1}^{i} W_{控}}{\sum_{1}^{i} F_{控}} \times F_{未控区间}$$

式中:$F_{控}$、$F_{未控区间}$分别为控制站集水面积和未控制区间的面积。

②控制站降水总量比缩放法。当分区控制站上下游降水量差异较大而产流条件相似时,借用控制站天然径流系数乘以未控制区间的年降水量和面积,求得未控制区间年径流量。

$$W_{未控区间} = \alpha_{校} \times P_{未控区间} \times F_{未控区间}$$

式中:$P_{未控区间}$为未控制区间面雨量;$\alpha_{控}$为控制站年径流系数。

③移用径流特征值法。当未控制区间与邻近流域的水文气候及自然地理条件相似时,直接移用邻近站的年径流深(或年径流系数)或降雨径流关系,根据区间降水量、区间面积推求区间的年径流系列,然后与控制站水量相加求得全区水量。

(2)计算分区内没有径流站控制时,可利用自然地理特征相似地区降水径流关系,由降水系列推求径流系列,按照面积比并参考降水量比求得分区年径流量系列。

二、分区地表水资源量

(一)1956~2016 年系列

开封市在 1956~2016 年系列多年平均地表水资源量 3.986 3 亿 m^3,折合径流深 63.67 mm,其中花园口以下干流区多年平均地表水资源量 0.268 0 亿 m^3,占全市的 6.7%;沙颍河平原区多年平均地表水资源量 0.755 6 亿 m^3,占全市的 19%;涡河区多年平均地表水资源量 2.426 2 亿 m^3,占全市的 60.9%;南四湖区多年平均地表水资源量 0.536 5 亿 m^3,占全市的 13.5%。各行政区中, 径流深为 53~75 mm,呈现出地表水资源量分布不均的特点。

(二)1980~2016 年系列

开封市全市 1980~2016 年系列多年平均地表水资源量 3.612 0 亿 m^3,折合径流深 57.69 mm;花园口以下干流区多年平均地表水资源量 0.227 0 亿 m^3,占全市的 6.3%;沙颍河平原区多年平均地表水资源量 0.663 0 亿 m^3,占全市的 18.4%;涡河区多年平均地表水资源量 2.296 亿 m^3,占全市的 63.6%;南四湖区多年平均地表水资源量 0.426 亿 m^3,占全市的 11.8%。各行政区中,径流深为 50.65~67.78 mm,地表水资源量分布的不均匀性更加明显,年径流深的地区分布特点与 1956~2016 年系列基本一致。

不同频率地表水资源量,根据系列均值、变差系数 C_v,采用 P-Ⅲ型曲线适线拟合。均值采用算术平均值,C_v 先用矩法计算,经适线后确定,C_s/C_v=2.0~2.5。适线时要按平水年、枯水年点据的趋势定线,特大值、特小值不做处理。开封市各流域和行政分区多年平均地表水资源量及其特征值成果见表 4-6、表 4-7。

表 4-6　开封市流域分区多年平均地表水资源量及特征值成果

流域	水资源分区	计算面积（km^2）	系列年限	年均地表水资源量（亿 m^3）	径流深（mm）	C_v	C_s/C_v	不同频率年降水量（mm）			
								20%	50%	75%	95%
黄河流域	花园口以下干流区间	369	1956~2016年	0.268 0	72.63	0.54	2	0.371 2	0.238 8	0.159 0	0.079 9
			1980~2016年	0.227 0	61.50	0.58	2	0.323 2	0.202 4	0.131 0	0.062 2
淮河流域	涡河区	4 214	1956~2016年	2.426 2	57.57	0.61	3	3.321 6	1.978 9	1.342 7	0.922 1
			1980~2016年	2.296 0	54.50	0.43	2.5	3.028 6	2.125 4	1.578 5	1.031 4
	沙颍河平原区	915	1956~2016年	0.755 6	82.58	0.57	3	1.024 1	0.630 9	0.436 7	0.298 3
			1980~2016年	0.663 0	72.50	0.42	2.5	0.872 6	0.615 2	0.458 7	0.301 3
	南四湖区	763	1956~2016年	0.536 5	70.31	0.95	3	0.754 9	0.334 0	0.210 7	0.177 5
			1980~2016年	0.426 0	54.50	0.66	3	0.598 7	0.340 9	0.225 8	0.157 6
合计		6 261	1956~2016年	3.986 3	63.67	0.56	3	5.384 9	3.346 3	2.328 8	1.589 9
			1980~2016年	3.612 0	57.69	0.40	2.5	4.697 0	3.376 8	2.560 8	1.718 9

表 4-7　开封市行政分区多年平均地表水资源量及特征值成果

行政分区	计算面积（km^2）	系列年限	年均地表水资源量（亿 m^3）	径流深（mm）	C_v	C_s/C_v	不同频率年降水量（mm）			
							20%	50%	75%	95%
龙亭区	370	1956~2016 年	0.206 0	55.68	0.59	3	0.280 6	0.169 9	0.116 4	0.079 7
		1980~2016 年	0.189 9	51.32	0.47	2	0.258 5	0.175 9	0.124 2	0.069 8
顺河回族区	72	1956~2016 年	0.038 6	53.61	0.63	3	0.053 0	0.030 9	0.020 7	0.014 3
		1980~2016 年	0.036 5	50.65	0.49	2	0.049 9	0.033 6	0.023 5	0.013
鼓楼区	62	1956~2016 年	0.033 2	53.55	0.63	3	0.032 7	0.026 6	0.017 8	0.012 3
		1980~2016 年	0.031 5	50.65	0.49	2	0.043 0	0.029 0	0.020 2	0.011 2
禹王台区	60	1956~2016 年	0.032 8	54.67	0.63	3	0.045 1	0.026 4	0.017 8	0.012 3
		1980~2016 年	0.030 8	51.28	0.47	2.5	0.041 5	0.028 0	0.020 1	0.012 6
祥符区	1 264	1956~2016 年	0.768 4	60.79	0.55	3	1.034 9	0.648 8	0.454 1	0.310 0
		1980~2016 年	0.720 4	56.98	0.42	3	0.941 0	0.657 3	0.495 6	0.348 8
杞县	1 258	1956~2016 年	0.725 7	57.69	0.62	3	0.996 1	0.586 7	0.395 5	0.272 5
		1980~2016 年	0.682 6	54.26	0.43	2	0.909 3	0.641 2	0.469 1	0.281 8
通许县	768	1956~2016 年	0.446 6	58.15	0.63	3	0.614 2	0.359 1	0.241 1	0.166 5
		1980~2016 年	0.419 6	54.59	0.43	2.5	0.554 9	0.387 2	0.286 1	0.185 8
尉氏县	1 299	1956~2016 年	0.982 5	75.64	0.56	3	1.328 0	0.823 8	0.572 7	0.391 0
		1980~2016 年	0.881 5	67.78	0.40	2.5	1.144 5	0.824 1	0.625 9	0.420 9
兰考县	1 108	1956~2016 年	0.752 5	67.92	0.77	3	1.057 1	0.548 7	0.350 2	0.258 6
		1980~2016 年	0.619 2	55.87	0.53	3	0.841 4	0.535 7	0.378 6	0.258 7
合计	6 261	1956~2016 年	3.986 3	63.67	0.56	3	5.384 9	3.346 3	2.328 8	1.589 9
		1980~2016 年	3.612 0	57.69	0.40	2.5	4.697 0	3.376 8	2.560 8	1.718 9

第五章　地下水资源量

地下水是指赋存于地面以下饱水带岩土空隙中的重力水。根据《河南省第三次水资源调查评价工作大纲》要求，本次评价的地下水资源量是指与当地降水和地表水体有直接水力联系、参与水循环且可以逐年更新的动态水量，即浅层地下水资源量。

本次评价主要是对开封市近年(2001～2016年)下垫面条件下多年平均浅层地下水资源量及其分布特征、补排关系进行全面评价。

第一节　水文地质条件

一、评价类型区划分

根据《河南省第三次水资源调查评价工作大纲》技术要求，结合开封市地形地貌和水文地质条件，本次评价将浅层地下水评价类型区依次划分为Ⅰ～Ⅲ级。各级类型区名称及划分依据见表5-1。

表5-1　开封市地下水类型名称及划分依据

<table>
<tr><th colspan="2">Ⅰ级类型区</th><th colspan="2">Ⅱ级类型区</th><th colspan="2">Ⅲ级类型区</th></tr>
<tr><th>划分依据</th><th>名称</th><th>划分依据</th><th>名称</th><th>划分依据</th><th>名称</th></tr>
<tr><td rowspan="4">区域地形地貌特征</td><td rowspan="4">平原区</td><td rowspan="4">次级地形地貌特征、含水层岩性及地下水类型</td><td rowspan="4">一般平原区</td><td rowspan="4">水文地质条件、包气带含水层岩性及地下水矿化度类型</td><td>亚黏土矿化度 $M≤2$ g/L</td></tr>
<tr><td>亚黏土矿化度 $M>2$ g/L</td></tr>
<tr><td>亚黏土、亚砂土互层矿化度 $M≤2$ g/L</td></tr>
<tr><td>亚黏土、亚砂土互层矿化度 $M>2$ g/L</td></tr>
</table>

Ⅰ级类型区划分平原区和山丘区两类。海拔50～100 m以下称为平原区。平原区浅层地下水以松散岩沉积物孔隙水为主；海拔200 m以上，或相对高程200 m以上称山区；海拔200 m以下，相对高程100～200 m称为丘陵区，山丘区是山区与丘陵区的总称。山丘区表面覆盖较薄松散层或基岩裸露，地下水类型主要以基岩裂隙水为主。开封市无山丘区。

Ⅱ级类型区是在Ⅰ级类型区的基础上，将平原区划分为一般平原区、内陆盆地平原区、山间平原区等类型区，开封市平原区类型主要为一般平原区，一般平原区包括山前倾斜平原区、冲积平原区及漏斗区。

Ⅲ级类型区划分是在Ⅱ级类型区划分的基础上进行的。平原区Ⅲ级类型区的划分首先根据水文地质条件划分出若干水文地质单元，依据包气带岩性和矿化度特征把水文地质单元划分为若干Ⅲ级类型区，同一个Ⅲ级类型区具有基本相同的包气带岩性和矿化度。

根据以上划分标准，本次开封市地下水评价，平原区分为亚黏土矿化度 *M*≤2 g/L 和 *M*>2 g/L，亚黏土、亚砂土互层矿化度 *M*≤2 g/L 和 *M*>2 g/L 4 个Ⅲ级类型区。

二、计算面积

本次地下水资源量评价，平原区计算面积为平原区Ⅲ级类型区总面积扣除水面和其他不透水面积后的剩余面积，不透水面积包括公路面积、城镇和乡村建筑占地面积等。根据调查统计，开封市平原区计算面积为 5 444 km^2。

本次评价根据地下水水质监测成果，对全市地下水矿化度（用溶解性总固体表示）进行了分区，平原区地下水矿化度分为：*M*≤1 g/L、1 g/L<*M*≤2 g/L、2 g/L<*M*≤3 g/L（微咸水）。为方便计算评价，平原区统一按照矿化度 *M*≤2 g/L（淡水区）和 *M*>2 g/L（微咸水）来区分。对于矿化度 *M*>2 g/L 的平原区，只计算其总补给量。根据调查统计，开封市平原区矿化度 *M*≤2 g/L 的计算面积为 5 279 km^2，矿化度 *M*>2 g/L 的计算面积为 165 km^2。全市各水资源及行政分区地下水评价计算面积详见表 5-2、表 5-3。

表 5-2　开封市行政区地下水资源量计算面积

行政分区	总面积（km^2）	平原区计算面积（km^2）		山丘区计算面积（km^2）
		M≤2 g/L	*M*>2 g/L	*M*≤1 g/L
鼓楼区	62	55		
兰考县	1 108	838	115	
龙亭区	370	305		
杞县	1 258	1 107		
顺河回族区	72	63		
通许县	768	676		
尉氏县	1 299	1 143		
祥符区	1 264	1 039	50	
禹王台区	60	53		
全市合计	6 261	5 279	165	

表 5-3　开封市水资源分区地下水资源量计算面积

水资源分区			总面积(km^2)	平原区计算面积(km^2)	
一级分区	二级分区	三级分区		$M≤2$ g/L	$M>2$ g/L
黄河区	花园口以下	花园口以下干流区间	369	259	
淮河区	淮河中游(王家坝至洪泽湖出口)	王蚌区间北岸	5 129	4 445	69
	沂沭泗河	南四湖区	763	575	96
全市合计			6 261	5 279	165

第二节　水文地质参数

水文地质参数是浅层地下水各项补给量、排泄量以及地下水蓄变量计算的重要依据，其值准确与否直接影响评价成果的可靠性。为确保计算参数的准确性，宜采用多种方法进行综合分析，选取符合区域近期下垫面条件下的参数值。

一、降水入渗补给系数 α 值

降水入渗补给系数是指降水入渗补给量与相应降水量的比值。它主要受包气带岩性、地下水埋深、降水量大小和强度、土壤前期含水量、微地形地貌、植被及地表建筑设施等因素的影响。降水入渗补给系数主要依据近期地下水水位动态和降水量资料进行计算，绘制降水量降水入渗补给系数埋深关系曲线，并结合相关水文地质调查报告，综合确定。不同岩性的降水入渗补给系数 α 经验值见表 5-4。

表 5-4　平原区降水入渗补给系数 α 经验值

岩性	降水量(mm)	不同埋深降水入渗补给系数 α 值						
		0~1 m	1~2 m	2~3 m	3~4 m	4~5 m	5~6 m	>6 m
亚黏土	300~400	0~0.07	0.06~0.15	0.13~0.16	0.15~0.12	0.12~0.10	0.10~0.08	0.08~0.07
	400~500	0~0.09	0.08~0.15	0.14~0.16	0.16~0.13	0.13~0.11	0.12~0.09	0.10~0.08
	500~600	0~0.10	0.09~0.16	0.15~0.17	0.17~0.14	0.15~0.13	0.14~0.10	0.11~0.09
	600~700	0~0.12	0.11~0.18	0.17~0.20	0.20~0.17	0.18~0.15	0.16~0.12	0.12~0.10
	700~800	0~0.14	0.13~0.20	0.19~0.23	0.23~0.19	0.20~0.17	0.17~0.14	0.13~0.11
	800~900	0~0.15	0.14~0.21	0.20~0.25	0.25~0.21	0.22~0.18	0.18~0.15	0.14~0.13
	900~1 100	0~0.14	0.12~0.19	0.17~0.22	0.22~0.17	0.18~0.13	0.14~0.10	0.14~0.10
	1 100~1 300	0~0.13	0.11~0.18	0.16~0.20	0.20~0.16	0.16~0.12	0.13~0.09	0.13~0.09

续表 5-4

岩性	降水量(mm)	不同埋深降水入渗补给系数α值						
		0~1 m	1~2 m	2~3 m	3~4 m	4~5 m	5~6 m	>6 m
亚砂土、亚黏土互层	300~400	0~0.09	0.09~0.15	0.15~0.17	0.17~0.12	0.13~0.10	0.11~0.08	0.09~0.07
	400~500	0~0.10	0.10~0.16	0.16~0.19	0.19~0.14	0.16~0.13	0.14~0.10	0.10~0.08
	500~600	0~0.12	0.11~0.18	0.17~0.21	0.21~0.16	0.18~0.15	0.16~0.12	0.12~0.09
	600~700	0~0.15	0.13~0.21	0.20~0.23	0.23~0.18	0.20~0.16	0.17~0.14	0.14~0.10
	700~800	0~0.16	0.14~0.23	0.22~0.25	0.25~0.21	0.22~0.17	0.18~0.15	0.15~0.12
	800~900	0~0.17	0.15~0.24	0.23~0.26	0.26~0.23	0.23~0.18	0.19~0.16	0.16~0.13
	1 000~1 500							
亚砂土	300~400	0~0.10	0.09~0.17	0.17~0.19	0.19~0.16	0.16~0.13	0.13~0.12	0.12~0.08
	400~500	0~0.12	0.10~0.19	0.18~0.21	0.21~0.17	0.17~0.14	0.15~0.12	0.13~0.09
	500~600	0~0.14	0.12~0.21	0.20~0.23	0.23~0.19	0.20~0.16	0.17~0.14	0.15~0.12
	600~700	0~0.16	0.15~0.22	0.21~0.25	0.25~0.22	0.23~0.19	0.19~0.16	0.17~0.14
	700~800	0~0.17	0.16~0.23	0.23~0.27	0.27~0.24	0.25~0.21	0.21~0.18	0.19~0.15
	800~900	0~0.17	0.15~0.25	0.24~0.28	0.28~0.26	0.27~0.23	0.23~0.19	0.20~0.16
	900~1 100	0~0.16	0.16~0.22	0.21~0.24	0.24~0.18	0.21~0.16	0.20~0.15	0.20~0.15
	1 100~1 300	0~0.15	0.14~0.20	0.16~0.23	0.22~0.16	0.20~0.14	0.19~0.14	0.19~0.14
粉细砂	300~400	0~0.14	0.13~0.21	0.20~0.25	0.25~0.23	0.24~0.20	0.20~0.16	0.17~0.14
	400~500	0~0.15	0.14~0.24	0.23~0.27	0.27~0.24	0.25~0.21	0.22~0.18	0.19~0.15
	500~600	0~0.18	0.17~0.25	0.24~0.28	0.28~0.25	0.26~0.22	0.23~0.19	0.20~0.16
	600~700	0~0.18	0.18~0.27	0.26~0.32	0.32~0.26	0.27~0.23	0.24~0.20	0.21~0.17
	700~800	0~0.18	0.17~0.27	0.26~0.32	0.32~0.26	0.27~0.23	0.24~0.20	0.21~0.16
	800~900	0~0.17	0.16~0.27	0.26~0.31	0.31~0.26	0.27~0.23	0.24~0.20	0.21~0.16
	1 000~1 500							

二、给水度μ值

给水度μ值是指饱和岩土在重力作用下自由排出水的体积与该饱和岩土体积的比值。它是浅层地下水资源评价中重要的参数。给水度大小主要与岩性、结构等因素有关。本次对于给水度μ值的确定，采用了动态资料分析法、抽水试验多种方法来综合分析计算，并充分利用已有的参数分析成果和结合相邻地区的μ值进行综合分析对比，同时参照以往给水度试验资料和其他部门的成果，协调确定其合理的取值，见表 5-5。

表 5-5　给水度 μ 取值

岩性	μ 值
粉细砂	0.060
亚砂土	0.045
亚砂土+亚黏土	0.040
亚黏土	0.035

三、潜水蒸发系数 C 值

潜水蒸发系数是指计算时段内潜水蒸发量与相应时段的水面蒸发量的比值。潜水蒸发量主要受水面蒸发量、包气带岩性、地下水埋深、植被状况等影响。一般利用地下水水位动态资料，通过潜水蒸发经验公式，分析计算不同岩性、有无作物的情况下的潜水蒸发系数值。其经验公式为

$$C = E/E_0$$

$$E = kE_0\left(1 - \frac{Z}{Z_0}\right)^n$$

式中：Z 为潜水埋深，m；Z_0 为极限埋深，m；n 为经验指数，一般为 1.0~3.0；k 为修正系数，无作物时 k 取 0.9~1.0，有作物时 k 取 1.0~1.3；E、E_0 分别为潜水蒸发量和水面蒸发量，mm。

包气带不同岩性潜水蒸发系数 C 值见表 5-6。

表 5-6　潜水蒸发系数 C 取值

岩性	有无作物	不同埋深 C 值							
		0.5 m	1.0 m	1.5 m	2.0 m	2.5 m	3.0 m	3.5 m	4.0 m
黏性土	无	0.10~0.35	0.05~0.20	0.02~0.09	0.01~0.05	0.01~0.03	0.01~0.02	0.01~0.015	0.01
	有	0.35~0.65	0.20~0.35	0.09~0.18	0.05~0.11	0.03~0.05	0.02~0.04	0.015~0.03	0.01~0.03
砂性土	无	0.40~0.50	0.20~0.40	0.10~0.20	0.03~0.15	0.03~0.10	0.02~0.05	0.01~0.03	0.01~0.03
	有	0.50~0.70	0.40~0.55	0.20~0.40	0.15~0.30	0.10~0.20	0.05~0.10	0.03~0.07	0.01~0.03

四、灌溉入渗补给系数 β 和渠系渗漏补给系数 m

灌溉入渗补给系数 β 是指田间灌溉入渗补给量与进入田间的灌水量的比值，分为渠灌和井灌两种灌溉形式。参考历次试验、研究资料分析平原区灌溉入渗补给系数 β 值，见表 5-7。

渠系渗漏补给系数 m 是指渠系渗漏补给量与渠首引水量的比值。它主要受渠道衬砌程度、渠道两岸包气带和含水层岩性特征、地下水埋深、包气带含水量、水面蒸发强度以及渠系水位和过水时间等影响。一般采用以下公式进行计算：

$$m = \gamma(1 - \eta)$$

式中:m 为渠系渗漏补给系数,取值见表 5-8;η 为渠系有效利用系数;γ 为修正系数。

表 5-7　田间灌溉入渗补给系数 β 值取值

灌区类型	岩性	灌溉定额[m^3/(亩·次)]	不同地下水埋深的 β 值				
			1~2 m	2~3 m	3~4 m	4~6 m	>6 m
井灌	黏性土	40~50	0.20	0.18	0.15	0.13	0.1
	砂性土	40~50	0.22	0.20	0.18	0.15	0.13
渠灌	黏性土	50~70	0.22	0.20	0.18	0.15	0.12
	砂性土	50~70	0.27	0.25	0.23	0.20	0.17

表 5-8　渠系渗漏补给系数 m 取值

灌区类型	η	γ	m
引黄灌区	0.55~0.65	0.35~0.45	0.15~0.20
其他一般灌区	0.45~0.55	0.35~0.45	0.13~0.18

五、渗透系数 K 值

渗透系数又称水力传导系数,表征岩土层的透水能力,用水力坡度为 1 时单位时间透过单位面积岩土介质的渗漏量表示。它的大小主要受岩土层的岩性及其特征、含水层岩性颗粒大小、级配和结构特征的影响。本次评价参考已有抽水试验成果,结合各种岩性的经验值综合确定渗透系数 K 值。平原区包气带不同岩性的渗透系数 K 经验值见表 5-9。

表 5-9　平原区包气带不同岩性的渗透系数 K 取值

岩性	渗透系数	岩性	渗透系数
黏土	<0.1	中细砂	8~15
亚黏土	0.1~0.25	中粗砂	15~25
亚砂土	0.25~0.50	含砾中细砂	30
粉细砂	1.0~8.0	砂砾石	50~100
细砂	5.0~10.0	砂卵砾石	100~200

第三节　浅层地下水资源量评价方法

一、平原区浅层地下水资源量评价方法

平原区浅层地下水资源量,是指近期下垫面条件下,由降水、地表水体入渗补给及侧向补给地下含水层的动态水量,一般采用水均衡法进行评价计算,用公式表示为

$$Q_{总补} = Q_{总排} + \Delta W$$

$$Q_{总补} = P_r + Q_{地表水体} + Q_{山前} + Q_{井归}$$

$$Q_{总排} = Q_{开采} + Q_{河排} + Q_{蒸}$$

式中：$Q_{总补}$、$Q_{总排}$分别为多年平均地下水总补给量、总排泄量；ΔW 为地下水蓄变量（水位下降时为负值，上升时为正值）；P_r 为降水入渗补给量；$Q_{山前}$为山前侧向补给量；$Q_{井归}$为井灌回归补给量；$Q_{开采}$为浅层地下水开采量；$Q_{河排}$为河道排泄量；$Q_{蒸}$为蒸发排泄量；$Q_{地表水体}$为地表水体补给量，包括河道渗漏补给量、渠系渗漏补给量及渠灌田间入渗补给量及人工回灌补给量等。

平原区地下水资源量等于总补给量 $Q_{总补}$与井灌回归补给量之差，即

$$Q_{平原} = Q_{总补} - Q_{井归}$$

（一）各项补给量计算

1. 降水入渗补给量

降水入渗补给量 P_r 指降水渗入土壤中并在重力作用下渗透补给地下水的水量。按下式计算：

$$P_r = 10^{-1}\alpha PF$$

式中：P_r 为降水入渗补给量；P 为年降水量；α 为降水入渗补给系数；F 为计算面积。

P 采用各计算单元逐年面平均降水量；α 值根据年均地下水埋深 Z 和年降水量 P，从相应包气带不同岩性平原区降水入渗补给系数 α 年值成果表（见表 5-4）中查得。经计算，全市平原区 2001～2016 年多年平均降水入渗补给量为 5.735 4 亿 m³，其中矿化度 $M \leq 2$ g/L 的为 5.601 6 亿 m³，矿化度 $M > 2$ g/L 的为 0.133 8 亿 m³。

2. 山前侧向补给量

因开封市全部为平原区，故本次评价不计算此项。

3. 地表水体补给量

地表水体补给量指河道渗漏补给量、湖库渗漏补给量、渠系渗漏补给量及渠灌田间入渗补给量之和。

1）河道渗漏补给量

当河道内河水与地下水有水力联系且河水水位高于岸边地下水水位时，河水渗漏补给地下水。采用达西公式计算：

$$Q_{河补} = 10^{-4}KIALT$$

式中：$Q_{河补}$为单侧河道渗漏补给量；K 为剖面位置的渗透系数；I 为垂直于剖面的水力坡度；A 为单位长度河道垂直于地下水流向的剖面面积；L 为河段长度；T 为河道或河段渗漏补给时间。

若河道或河段两岸水文地质条件类似，且都有渗漏补给，则以 $Q_{河补}$的 2 倍为两岸的渗漏补给量。直接计算多年平均河道渗漏补给量时，I、A、L、T 采用 2001～2016 年的年均值。本次评价，开封市河道渗漏补给主要是黄河形成的河道渗漏补给，经计算，黄河多年平均渗漏补给量为 0.291 0 亿 m³，详见表 5-10。

表 5-10 河道渗漏补给量 (单位:亿 m^3)

水资源三级区	黄河渗漏量	合计渗漏补给量
花园口以下干流区间	0.291 0	0.291 0

2)湖库渗漏补给量

全市平原区没有大型水库和湖泊,故本次评价不计算此项。

3)渠系、渠灌田间入渗补给量

渠系是指干、支、斗、农、毛各级渠道的统称。渠系水位一般均高于其岸边的地下水水位,故渠系水一般均补给地下水。渠系渗漏补给量只计算到干渠、支渠两级。渠灌田间入渗补给量包括斗、农、毛三级渠道的渗漏补给量和渠灌水进入田间的入渗补给量两部分。渠系渗漏补给量和渠灌田间入渗补给量均采用补给系数法计算:

$$Q_{渠系} = mQ_{渠首引}$$

$$Q_{渠灌} = \beta_{渠} Q_{渠田}$$

式中:$Q_{渠系}$为渠系渗漏补给量;m 为渠系渗漏补给系数;$Q_{渠首引}$为渠首引水量;$Q_{渠灌}$为渠灌田间入渗补给量;$\beta_{渠}$为渠灌田间入渗补给系数;$Q_{渠田}$为渠灌水进入斗渠渠首水量。

经计算,全市平原区多年平均渠系渗漏补给量及渠灌田间入渗补给量 1.521 6 亿 m^3,其中矿化度 $M \leq 2$ g/L 的为 1.515 3 亿 m^3,矿化度 $M>2$ g/L 的为 0.006 3 亿 m^3,详见表 5-11。

根据以上分项计算,全市平原区多年平均地表水体补给量为 1.812 6 亿 m^3,其中矿化度 $M \leq 2$ g/L 的为 1.806 3 亿 m^3,矿化度 $M>2$ g/L 的为 0.006 3 亿 m^3,详见表 5-11。

表 5-11 地表水体及各分项补给量 (单位:亿 m^3)

水资源三级区	渠系渗漏补给量及渠灌田间入渗补给量		河道侧渗补给量	地表水体补给量	
	$M \leq 2$ g/L	$M>2$ g/L	$M \leq 2$ g/L	$M \leq 2$ g/L	$M>2$ g/L
花园口以下干流区间	0	0	0.036 0	0.036 0	0
王蚌区间北岸	1.321 4	0.006 3	0.179 0	1.500 4	0.006 3
南四湖区	0.193 9	0	0.076 0	0.269 9	0
开封市	1.515 3	0.006 3	0.291 0	1.806 3	0.006 3

4. 井灌回归补给量

井灌回归补给量指井灌区浅层地下水进入田间后,入渗补给地下水的水量,可按下式计算:

$$Q_{井灌} = \beta_{井} Q_{农开}$$

式中:$Q_{井灌}$为井灌回归补给量;$\beta_{井}$为井灌回归补给系数;$Q_{农开}$为井灌开采量。

井灌开采量采用 2001~2016 年逐年调查统计数据,经计算,全市多年平均井灌回归补给量为 0.991 8 亿 m³。

5. 总补给量

根据上述各分项补给量计算结果，本次地下水评价，开封市平原区 2001～2016 年多年平均浅层地下水（矿化度 $M \leq 2$ g/L）总补给量为 8.399 8 亿 m³。平原区 2001～2016 年多年平均浅层地下水（矿化度 $M>2$ g/L）总补给量为 0.140 1 亿 m³，全部为淮河流域补给量。全市流域分区各项补给量及总补给量成果见表 5-12。

表 5-12　开封市平原区浅层地下水多年平均补给量成果　（单位：亿 m³）

水资源三级区	矿化度分区	降水入渗补给量	地表水体补给量	井灌回归补给量	总补给量
花园口以下干流	$M \leq 2$ g/L	0.268 1	0.036 0	0.041 7	0.345 8
	$M>2$ g/L				
	合计	0.268 1	0.036 0	0.041 7	0.345 8
王蚌区间北岸	$M \leq 2$ g/L	4.824 9	1.500 4	0.873 7	7.199 0
	$M>2$ g/L	0.063 6	0.006 3		0.069 9
	合计	4.888 5	1.506 7	0.873 7	7.268 9
南四湖区	$M \leq 2$ g/L	0.508 6	0.269 9	0.076 4	0.854 9
	$M>2$ g/L	0.070 2			0.070 2
	合计	0.578 8	0.269 9	0.076 4	0.925 1
开封市	$M \leq 2$ g/L	5.601 6	1.806 3	0.991 8	8.399 7
	$M>2$ g/L	0.133 8	0.006 3		0.140 1
	合计	5.735 4	1.812 6	0.991 8	8.539 8

（二）排泄量计算

平原区浅层地下水排泄量包括浅层地下水实际开采量、潜水蒸发量、侧向流出量及河道排泄量。根据开封市 2001 年以来地下水埋深动态资料，各评价分区地下水平均埋深均大于 4 m，潜水蒸发量几乎为零，故本次评价不考虑潜水蒸发量。全市平原区各类型区，基本上为连续分布，计算区补给项中侧向流入量与排泄项中侧向流出量基本相等，且属于水资源量中的重复计算量，故本次评价平原区侧向流出量也不予考虑。根据开封市平原区河流实际情况，枯水季河水水位一般高于两岸地下水水位，不产生河道排泄量。因此，本次评价平原区浅层地下水总排泄量即为浅层地下水实际开发量。

全市平原区 2001～2016 年多年平均浅层地下水总排泄量为 8.135 8 亿 m³，其中黄河流域 0.357 3 亿 m³，淮河流域 7.778 5 亿 m³。排泄量计算结果见表 5-13。

表 5-13　开封市平原区浅层地下水多年平均排泄量成果　（单位：亿 m^3）

水资源三级区	计算面积（km^2）	浅层地下水实际开采量	总排泄量
花园口以下干流区间	259	0. 357 3	0. 357 3
王蚌区间北岸	4 514	6. 962 8	6. 962 8
南四湖区	671	0. 815 7	0. 815 7
全市合计	5 444	8. 135 8	8. 135 8

（三）平原区浅层地下水水均衡分析

浅层地下水水均衡指平原区多年平均地下水总补给量、总排泄量、蓄变量三者之间的平衡关系，考虑计算误差后的水均衡公式为

$$Q_{总补} - Q_{总排} - \Delta W = X$$

$$\delta = \frac{X}{Q_{总补}} \times 100\%$$

式中：ΔW、X 分别为多年平均地下水蓄变量、绝对均衡差；δ 为平均相对均衡差。

地下水蓄变量采用以下公式计算：

$$\Delta W = 10^{-2} \times (Z_1 - Z_2)\mu F/T$$

式中：ΔW 为多年平均地下水蓄变量；Z_1 为计算时段初地下水埋深；Z_2 为计算时段末地下水埋深；μ 为地下水变幅带给水度；T 为计算时段长；F 为计算面积。

根据《河南省第三次水资源评价工作大纲》要求，当 $|\delta| \leq 15\%$ 时，评价区各项补给量、各项排泄量以及地下水蓄变量即可确定；当 $|\delta| > 15\%$ 时，则需要对各项补给量、各项排泄量以及地下水蓄变量进行核算，必要时，对相关水文地质参数重新定量，直到满足 $|\delta| \leq 15\%$ 的要求。

本次评价，平原区地下水水均衡分析以Ⅱ级类型区套水资源三级区为单元进行，各分区地下水蓄变量采用 2001～2016 年地下水动态观测资料进行计算，各分区水均衡分析成果见表 5-14。

表 5-14　开封市平原区浅层地下水多年平均均衡分析

水资源三级区	总补给量（亿 m^3）	总排泄量（亿 m^3）	蓄变量（亿 m^3）	绝对均衡差（亿 m^3）	相对均衡差（%）
花园口以下干流区间	0. 345 8	0. 357 3	0. 004 9	-0. 016 4	-4. 7
王蚌区间北岸	7. 268 9	6. 962 8	0. 325 4	-0. 019 3	-0. 3
南四湖区	0. 925 1	0. 815 7	0. 011 3	0. 098 1	10. 6
全市合计	8. 539 8	8. 135 8	0. 341 6	0. 062 4	0. 7

通过计算分析，全市平原区相对均衡差为 0.7%，其中花园口以下干流区间、王蚌区间北岸、南四湖区相对均衡差分别为-4.7%、-0.3%和 10.6%，满足$|\delta| \leq 15\%$的要求。

二、山丘区地下水资源量评价方法

根据开封市实际地形地质特征，评价区域全部为平原区，故本次评价不包含山丘区地下水资源量，因此本次评价不涉及此项计算内容。

三、分区地下水资源量计算方法

分区多年平均浅层地下水资源量计算采用分区内平原区和山丘区地下水资源量之和减去两者重复计算量，用公式表示为

$$Q_{分区} = Q_{平原} + Q_{山区} - Q_{重复}$$

$$Q_{重复} = Q_{山前侧} + Q_{基补}$$

式中：$Q_{分区}$为分区多年平均浅层地下水资源量；$Q_{平原}$为平原区多年平均浅层地下水资源量；$Q_{山区}$为山丘区多年平均地下水资源量；$Q_{重复}$为平原区和山丘区地下水重复计算量，包括山前侧向补给量和山丘区河川基流形成的平原区地表水体补给量；$Q_{山前侧}$为山前侧向补给量；$Q_{基补}$为山丘区河川基流形成的平原区地表水体补给量。

第四节　浅层地下水资源量及分布特征

一、平原区浅层地下水资源量

平原区浅层地下水资源量为总补给量与井灌回归补给量之差。根据开封市实际地形地质特征，评价区域全部为平原区，故本次评价中地下水资源量全部为平原区地下水资源量，以上对全市各计算分区平原地下水资源量的计算成果，全市 2001～2016 年多年平均浅层地下水资源量（全矿化度）为 7.548 0 亿 m^3，其中矿化度 $M \leq 2$ g/L 的地下水资源量为 7.407 9 亿 m^3。黄河流域多年平均浅层地下水资源量为 0.304 1 亿 m^3，淮河流域多年平均浅层地下水资源量为 7.243 9 亿 m^3。开封市区多年平均浅层地下水资源量计算成果详见表 5-15。

二、地下水资源量分布特征

浅层地下水补给和排泄条件受水文气象、地形地貌、水文地质条件、植被、水利工程等多种因素的影响和制约，其区域分布情况一般可用地下水资源量模数来表示。为了反映不同地区地下水资源量的分布特征，本次评价按各分区计算面积分别计算各区地下水资源量模数，详见表 5-16、表 5-17。

表 5-15　开封市平原区浅层地下水资源量成果

（单位：亿 m^3）

流域/行政分区	矿化度 $M\leq2$ g/L			矿化度 $M>2$ g/L		分区合计		
	降水入渗补给量	地表水体补给量	地下水资源量	降水入渗补给量	地表水体补给量	降水入渗补给量	地表水体补给量	地下水资源量
花园口以下干流区间	0.268 1	0.036 0	0.304 1			0.268 1	0.036 0	0.304 1
王蚌区间北岸	4.824 9	1.500 4	6.325 3	0.063 6	0.006 3	4.888 5	1.506 7	6.395 2
南四湖区	0.508 6	0.269 9	0.778 5	0.070 2		0.578 8	0.269 9	0.848 7
鼓楼区	0.055 5		0.055 5			0.055 5		0.055 5
兰考县	0.991 3	0.472 3	1.463 6	0.087 6		1.078 9	0.472 3	1.551 2
龙亭区	0.331 0	0.461 0	0.792 0			0.331 0	0.461 0	0.792 0
杞县	1.125 5	0.013 5	1.139 0			1.125 5	0.013 5	1.139 0
顺河回族区	0.064 4		0.064 4			0.064 4		0.064 4
通许县	0.687 1	0.169 8	0.856 9			0.687 1	0.169 8	0.856 9
尉氏县	1.162 2	0.140 4	1.302 6			1.162 2	0.140 4	1.302 6
祥符区	1.130 9	0.549 3	1.680 2	0.046 2	0.006 3	1.177 1	0.555 6	1.732 7
禹王台区	0.053 7		0.053 7			0.053 7		0.053 7
全市	5.601 6	1.806 3	7.407 9	0.133 8	0.006 3	5.735 4	1.812 6	7.548 0

表 5-16　开封市行政分区地下水资源量模数

行政分区	计算面积（km^2）	分区地下水资源量（亿 m^3）	地下水资源量模数（万 m^3/km^2）
鼓楼区	55	0.055 5	10.09
兰考县	953	1.551 2	16.28
龙亭区	305	0.792 0	25.94
杞县	1 107	1.139 0	10.29
顺河回族区	63	0.064 4	10.17
通许县	676	0.856 9	12.68
尉氏县	1 143	1.302 6	11.40
祥符区	1 089	1.732 7	15.92
禹王台区	53	0.053 7	10.17
全市合计	5 444	7.548 0	13.87

表 5-17　开封市水资源分区地下水资源量模数

水资源三级区	计算面积（km^2）	分区地下水资源量（亿 m^3）	地下水资源量模数（万 m^3/km^2）
花园口以下干流区间	259	0.304 1	11.74
王蚌区间北岸	4 514	6.395 2	14.17
南四湖区	671	0.848 7	12.65
全市合计	5 444	7.548 0	13.86

全市浅层地下水资源量模数为 13.87 万 m^3/km^2，其中黄河流域为 11.75 万 m^3/km^2，淮河流域为 13.97 万 m^3/km^2。流域三级区中，王蚌区间北岸地下水资源量模数最大，花园口以下干流区间地下水资源量模数最小，地下水资源量模数分别为 14.17 万 m^3/km^2 和 11.74 万 m^3/km^2。

各行政区中，龙亭区地下水资源量模数最大，鼓楼区、顺河回族区和禹王台区最小，地下水资源量模数分别为 25.94 万 m^3/km^2、10.09 万 m^2/km^2、10.17 万 m^3/km^2、10.17 万 m^3/km^2。其分布特征受降水分布、局部地区含水层条件和地下水水位埋深影响显著。

第六章　水资源总量及可利用量

在水循环过程中，大气降水是水资源总补给来源，地表水和地下水是水资源的两种表现形式，均处于同一个水循环系统中，它们之间互相联系而又不断转化。河川径流中包括一部分地下水排泄量，地下水中又有一部分来源于地表水的入渗补给。在计算某一区域水资源总量时，必须分析地表水与地下水之间的水量转化关系，扣除水资源的重复计算量。

一定区域内的水资源总量指当地降水形成的地表和地下产水量，即地表径流量与降水入渗补给地下水量之和，可由地表水资源量加上地下水与地表水资源的不重复量求得。本次水资源总量评价是在完成地表水资源量和地下水资源量评价、分析地表水和地下水之间相互转化关系的基础上进行，最终提出水资源三级区套地级行政区和县级行政区水资源总量系列评价成果，评价系列与地表水资源量评价同步期系列一致。

第一节　水资源总量

一、水资源总量计算方法

根据降水、地表水、地下水的转化平衡关系，区域内水资源总量可用下式计算：

$$W = R_s + P_r = R + P_r - R_g$$

式中：W 为水资源总量；R_s 为地表径流量，即河川径流量与河川基流量之差；P_r 为降水入渗补给量，山丘区则为地下水资源量，即总排泄量；R 为河川径流量，即地表水资源量；R_g 为山丘区河川基流量，平原区则为降水入渗补给量形成的河道排泄量。

本次评价，开封市平原区不涉及河道排泄量。该公式是将地表水和地下水统一考虑后，扣除了地表水和地下水互相转化的重复量，来计算区域水资源总量。

河川径流量可直接采用第四章系列评价成果，1956～2016年系列平原区降水入渗补给量可采用第五章所述计算方法进行计算，计算成果详见表6-1、表6-2。

二、水资源总量计算成果

根据《全国水资源调查评价技术细则》和《河南省第三次水资源调查评价工作大纲》要求，本次评价只将平原区地下水资源量中矿化度 $M \leq 2$ g/L（淡水）部分计入区域水资源总量，矿化度 $M>2$ g/L（微咸水）部分不再单独考虑。

（一）1956～2016年系列

根据以上所述计算方法和地表水、地下水资源量评价成果，1956～2016年系列，全市多年平均水资源总量为10.019 0亿 m^3，产水模数为16.0万 m^3/km^2，其中地表水资源量为3.986 3亿 m^3，地下水资源量为6.032 7亿 m^3。花园口以下干流区间多年平均水资源

表 6-1　开封市流域分区多年平均水资源总量成果

水资源三级区	面积 (km^2)	系列年限	地表水资源量 (亿 m^3)	降水入渗补给量 (亿 m^3)	地表水与地下水资源不重复量 (亿 m^3)	水资源总量 (亿 m^3)	产水模数 (万 m^3/km^2)
花园口以下干流区间	369	1956~2016 年	0.268 0	0.274 8	0.274 8	0.542 8	14.7
		1980~2016 年	0.227 0	0.233 9	0.233 9	0.493 3	13.4
王蚌区间北岸	5 129	1956~2016 年	3.181 8	5.293 9	5.293 9	8.475 7	16.5
		1980~2016 年	2.959 0	5.196 9	5.196 9	8.085 8	15.8
南四湖区	763	1956~2016 年	0.536 5	0.464 0	0.464 0	1.000 5	13.1
		1980~2016 年	0.426 0	0.487 5	0.487 5	0.951 2	12.5
全市	6 261	1956~2016 年	3.986 3	6.032 7	6.032 7	10.019 0	16.0
		1980~2016 年	3.612 0	5.918 3	5.918 3	9.530 3	15.2

表 6-2 开封市行政分区多年平均水资源总量成果

行政分区	面积 (km²)	系列年限	地表水资源量 (亿 m³)	降水入渗补给 (亿 m³)	地表水与地下水资源不重复量 (亿 m³)	水资源总量 (亿 m³)	产水模数 (万 m³/km²)
鼓楼区	62	1956~2016 年	0.033 2	0.064 1	0.064 1	0.097 3	15.7
		1980~2016 年	0.031 5	0.061 7	0.061 7	0.093 2	15.0
兰考县	1 108	1956~2016 年	0.752 5	1.012 9	1.012 9	1.765 4	15.9
		1980~2016 年	0.619 2	1.050 5	1.050 4	1.669 7	15.1
龙亭区	370	1956~2016 年	0.206 0	0.378 3	0.378 3	0.584 3	15.8
		1980~2016 年	0.189 9	0.365 2	0.365 2	0.555 2	15.0
杞县	1 258	1956~2016 年	0.725 7	1.249 0	1.249 0	1.974 7	15.7
		1980~2016 年	0.682 6	1.206 8	1.206 8	1.889 4	15.0
顺河回族区	72	1956~2016 年	0.038 6	0.074 4	0.074 4	0.113 0	15.7
		1980~2016 年	0.036 5	0.071 7	0.071 7	0.108 3	15.0

续表 6-2

行政分区	面积（km^2）	系列年限	地表水资源量（亿 m^3）	降水入渗补给（亿 m^3）	地表水与地下水资源不重复量（亿 m^3）	水资源总量（亿 m^3）	产水模数（万 m^3/km^2）
通许县	768	1956~2016年	0.446 6	0.758 9	0.758 9	1.205 5	15.7
		1980~2016年	0.419 6	0.734 3	0.734 3	1.153 8	15.0
尉氏县	1 299	1956~2016年	0.982 5	1.207 7	1.207 7	2.190 2	16.9
		1980~2016年	0.881 5	1.192 1	1.192 1	2.073 2	16.0
祥符区	1 264	1956~2016年	0.768 4	1.226 1	1.226 1	1.994 5	15.8
		1980~2016年	0.720 4	1.176 7	1.176 7	1.897 4	15.0
禹王台	60	1956~2016年	0.032 8	0.061 3	0.061 3	0.094 1	15.7
		1980~2016年	0.030 8	0.059 3	0.059 3	0.090 1	15.0
合计	6 261	1956~2016年	3.986 3	6.032 7	6.032 7	10.019 0	16.0
		1980~2016年	3.612 0	5.918 3	5.918 3	9.530 3	15.2

总量为0.542 8亿m^3,产水模数为14.7万m^3/km^2;王蚌区间北岸多年平均水资源总量为8.475 7亿m^3,产水模数为16.5万m^3/km^2;南四湖区多年平均水资源总量为1.000 5亿m^3,产水模数为13.1万m^3/km^2。从产水模数来看,王蚌区间北岸较大,南四湖区相对较小,其与降水分布特征较为类似。

全市各行政区多年平均水资源总量最大的是尉氏县,为2.190 2亿m^3,占全市水资源总量的21.9%,最小的是禹王台区0.094 1亿m^3,占全市水资源总量的0.9%;从产水模数分布情况来看,尉氏县产水模数最大,为16.9万m^3/km^2;其他县区产水模数较为均衡,基本上在15万~16万m^3/km^2,相对较小。

(二)1980~2016年系列

1980~2016年系列,全市多年平均水资源总量为9.530 3亿m^3,产水模数为15.2万m^3/km^2,其中地表水资源量为3.612 0亿m^3,地表水与地下水资源量不重复量为5.918 3亿m^3。花园口以下干流区间多年平均水资源总量为0.493 3亿m^3,产水模数为13.4万m^3/km^2;王蚌区间北岸多年平均水资源总量为8.085 8亿m^3,产水模数为15.8万m^3/km^2;南四湖区多年平均水资源总量为0.951 2亿m^3,产水模数为12.5万m^3/km^2。

1980~2016年系列,各行政区多年平均水资源总量最大的是尉氏县,为2.073 1亿m^3,占全市水资源总量的21.8%,最小的是禹王台区,为0.090 1亿m^3,占全市地表水资源量的0.9%;产水模数分布情况与1956~2016年系列基本一致。

三、不同系列水资源总量对比

将全市水资源三级分区及行政分区1956~1979年、1980~2016年和2001~2016年3个系列多年平均水资源总量与1956~2016年系列进行对比分析,以反映不同系列水资源总量丰枯变化情况。

全市各水资源分区1956~1979年多年平均水资源总量相比于1956~2016年系列均偏多7.5%,花园口以下干流区间偏多14.9%,王蚌区间北岸偏多7.1%,南四湖区偏多6.9%;各行政分区也都有不同程度的偏多,幅度为6.7%~8.3%;1980~2016年系列与1956~2016年系列相比,全市各水资源分区多年平均水资源总量偏少4.9%,花园口以下干流区间偏少8.9%,王蚌区间北岸偏少4.7%,南四湖区偏少4.6%;各行政分区偏少幅度为4.3%~5.4%;2001~2016年系列与1956~2016年系列相比,全市各水资源分区多年平均水资源总量偏少4.1%,花园口以下干流区间偏少17.0%,王蚌区间北岸偏少3.8%,南四湖区偏多0.4%,各行政分区偏少幅度为2.4%~6.0%。

总的来看,全市水资源总量变化情况与降水、天然径流变化趋势基本一致,20世纪80年代之前,减少趋势明显,80年代至今,变化较为平稳。降水量的减少仍是造成水资源量减少的重要原因,其次下垫面条件的改变也在一定程度上减少了天然径流量。

全市水资源三级区及行政分区不同系列多年平均水资源总量对比情况详见表6-3。

表 6-3　开封市各分区不同系列年均水资源总量对比　　（单位：亿 m^3）

分区	1956～2016 年年均值	1956～1979 年		1980～2016 年		2001～2016 年	
		年均值（亿 m^3）	增减幅度（%）	年均值（亿 m^3）	增减幅度（%）	年均值（亿 m^3）	增减幅度（%）
花园口以下干流区间	0.542 8	0.622 1	14.9	0.493 3	-8.9	0.449 6	-17.0
王蚌区间北岸	8.475 7	9.083 8	7.1	8.085 8	-4.7	8.155 0	-3.8
南四湖区	1.000 5	1.066 5	6.9	0.951 2	-4.6	1.001 3	0.4
鼓楼区	0.097 3	0.103 9	6.7	0.093 1	-4.4	0.094 9	-2.6
兰考县	1.765 4	1.910 0	8.3	1.669 7	-5.4	1.684 1	-4.5
龙亭区	0.584 3	0.630 7	7.8	0.555 2	-5.1	0.556 9	-4.8
杞县	1.974 7	2.109 1	6.7	1.889 8	-4.4	1.925 8	-2.5
顺河回族区	0.113 0	0.120 7	6.7	0.108 2	-4.3	0.110 2	-2.6
通许县	1.205 5	1.287 6	6.7	1.153 8	-4.4	1.175 7	-2.5
尉氏县	2.190 2	2.364 0	8.1	2.073 1	-5.2	2.055 8	-6.0
祥符区	1.994 5	2.145 8	7.6	1.897 3	-4.9	1.910 6	-4.2
禹王台区	0.094 1	0.100 6	6.8	0.090 1	-4.4	0.091 9	-2.4
开封市	10.019 0	10.772 4	7.5	9.530 3	-4.9	9.605 9	-4.1

四、不同年代水资源总量变化情况

从水资源总量年代变化情况分析来看，全市水资源总量 20 世纪五六十年代最丰，70 年代最接近 1956～2016 年多年平均值，八九十年代和 2011～2016 年最枯。花园口以下干流区间、王蚌区间北岸和南四湖区水资源总量年代变化情况与全市总体情况基本一致。各行政区水资源总量也是五六十年代最丰，70 年代最接近多年平均值，七八十年代和 2011～2016 年最枯，最枯年代出现时段与其所属流域一致。

总体来看，水资源总量年代变化情况与降水和天然径流基本一致，2000 年以后，受人类活动影响的加剧，水资源总量变化情况与天然径流更为接近。全市水资源三级区和行政分区不同年代水资源总量变化情况详见表 6-4。

表 6-4　开封市各分区不同年代水资源总量对照　（单位:亿 m^3）

分区	1956~1960年	1961~1970年	1971~1980年	1981~1990年	1991~2000年	2001~2010年	2011~2016年
花园口以下干流区间	0.630 5	0.611 5	0.612 1	0.508 0	0.537 7	0.496 5	0.371 4
王蚌区间北岸	10.186 1	9.096 8	8.325 4	7.891 5	8.274 0	8.896 0	6.919 9
南四湖区	1.117 0	1.094 1	0.977 3	0.870 7	0.980 4	1.082 3	0.866 3
鼓楼区	0.113 7	0.104 6	0.096 1	0.089 7	0.095 0	0.103 4	0.080 8
兰考县	2.047 3	1.917 0	1.787 4	1.612 9	1.726 1	1.845 6	1.415 1
龙亭区	0.682 5	0.630 2	0.590 6	0.540 0	0.575 0	0.608 9	0.470 2
杞县	2.307 3	2.122 2	1.949 4	1.820 6	1.926 9	2.097 3	1.640 0
顺河回族区	0.132 1	0.121 5	0.111 6	0.104 2	0.110 3	0.120 0	0.093 9
通许县	1.408 6	1.295 6	1.190 1	1.111 5	1.176 4	1.280 4	1.001 2
尉氏县	2.803 7	2.362 4	2.093 7	2.063 7	2.133 2	2.232 3	1.761 4
祥符区	2.328 3	2.147 7	2.002 9	1.840 8	1.957 3	2.086 9	1.616 7
禹王台区	0.110 1	0.101 2	0.093 0	0.086 8	0.091 9	0.100 0	0.078 3
开封市	11.933 6	10.802 4	9.914 8	9.270 2	9.792 1	10.474 8	8.157 6

第二节　地表水资源可利用量

地表水资源可利用量是指在可预见的时期内,在统筹考虑河道内生态环境和其他用水的基础上,通过经济合理、技术可行的措施,可供河道外生活、生产、生态用水的一次性最大水量(不包括回归水的重复利用)。可利用量是从资源的角度分析可能被消耗利用的水资源量。

地表水资源可利用量等于地表水资源量去掉不可以被利用水量和现阶段不可能被利用水量。

不可以被利用水量是指不允许利用的水量,以免造成生态环境恶化的严重后果,必须满足河道内生态环境用水量。现阶段不可能被利用水量是指受某种因素和条件的限制,现阶段无法被利用的水量,主要指超出工程最大调蓄能力和供水能力的洪水量;在可预见时期内,受工程、经济和技术影响不可能被利用的水量;在可预见的时期内超出最大用水需求的水量。

一、估算方法

地表水资源可利用量估算有倒扣计算法和正算法。

(一)倒扣计算法

用多年平均水资源量减去不可以被利用水量和现阶段不可能被利用量中的汛期下泄

洪水量的多年平均值,得出多年平均地表水资源可利用量。计算公式为

$$W_{地表水可利用量} = W_{地表水资源量} - W_{河道内最小生态环境需水量} - W_{洪水弃水}$$

倒扣计算法一般用于北方水资源紧缺地区,图 6-1 为地表水资源可利用量计算示意图。

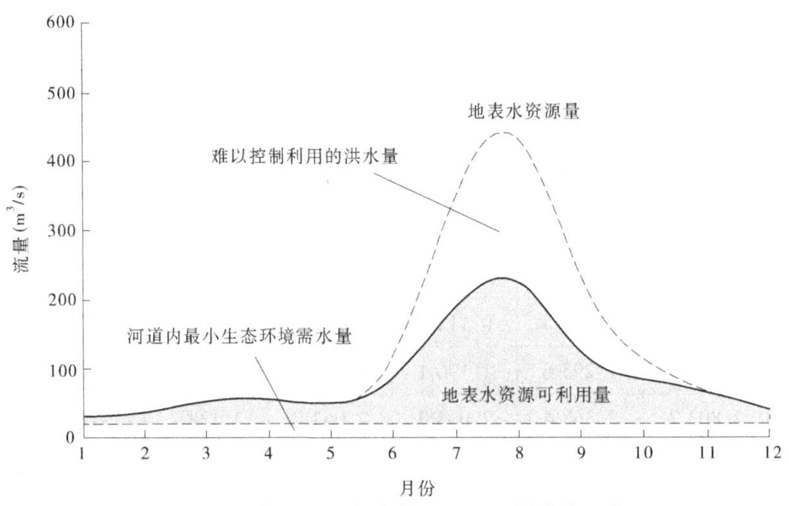

图 6-1　北方河流地表水资源可利用量计算示意图

1. 不可以被利用水量

不可以被利用水量通常也称作河道内最小生态环境用水量,或简称为生态环境用水量。它不允许被利用,以免造成生态环境恶化及被破坏的严重后果。

河道内最小生态环境用水量主要包括:维持河道基本功能的需水量(包括防止河道断流、保持水体一定的自净能力、河道冲沙输沙以及维持河湖水生生物生存的水量等),河湖泊湿地需水量(包括湖泊、沼泽地需水量),河口生态环境需水量(包括冲淤保港、防潮压碱及河口生物需水量等)。

2. 不可能被利用水量

不可能被利用水量通常也称为汛期难以控制利用的下泄洪水量,是指受种种因素和条件的限制,以现阶段的工程现状能力和技术水平无法被利用的水量。主要包括:超出工程最大调蓄能力和供水能力的洪水量,在可预见时期内受工程经济技术性能影响不可能被利用的水量,以及在可预见的时期内超出最大用水需求的水量。

(二)正算法

根据工程最大供水能力或最大用水需求的分析成果,以用水消耗系数(耗水率)折算出相应的可供河道外一次性利用的水量,对于大江大河上游或支流水资源开发利用难度较大的山区,计算公式为

$$W_{地表水可利用量} = k_{用水消耗系数} \times W_{最大供水能力}$$

二、估算原则

(1)根据地表水资源丰、枯情况,合理安排河道内与河道外的用水比例。

(2)随着社会的发展,经济、技术水平不断提高,人们控制利用水的能力增强,环境需水也会发生变化,估算的可利用量具有不确定性和动态性。

(3)根据开封市水资源条件特点,对地表水可利用量所采用的保证率要求是年平均及 $P=50\%$、75%保证率的地表水可利用量。

三、各项水量计算

(一)河道内最小生态环境用水量的估算

河道内最小生态环境用水量计算方法有两种,最小月径流平均值法和多年平均年径流量百分数控制法。

1.最小月径流平均值法

首先计算流域控制站近十年最小月径流的平均值,即对河流控制站2006~2016年天然月径流系列进行统计分析,选择最小月径流的平均值,再乘以12个月作为多年平均河道最小生态年需水量的初值。

2.多年平均年径流量百分数控制法

根据水利部水利水电规划设计总院《水资源可利用量估算方法(试行)》,北方地区一般取多年平均径流量的10%~20%估算河道内生态环境用水量。

因为开封市主要河流控制站存在较长时间的断流,不宜采用最小月径流的平均值法,所以本次评价采用多年平均年径流量百分数控制法。开封市主要河流控制站存在较长时间的断流,且多数河流都存在不同程度的污染,本次评价多年平均河道最小生态需水量按多年平均年径流量的15%进行计算。

(二)不能控制利用的洪水量估算

汛期水量中一部分可供当时利用,还有一部分可通过工程蓄存起来供以后利用,剩余水量即为不可能被利用而形成下泄洪水量。根据开封市的实际情况,汛期可供利用量采用近十年开封市水资源公报中当地地表水年用水量最大值的1/3近似估算(汛期为6~9月的4个月,占全年月数的1/3),不考虑不同季节用水的差别;汛期工程蓄存水量采用汛期水库控制面积所形成的径流量减去汛期水库供水量(水库供水量在汛期用水量计算中已经包含,这里若不减去则形成重复计算),然后与兴利库容比较,若其比兴利库容大,则采用兴利库容,比兴利库容小,则采用汛期水库控制面积所形成的径流量减去汛期水库供水量。

各分区汛期径流量占年径流量的比例采用大王庙、邸阁2处水文站6~9月天然径流量占年径流量的比例。大王庙、邸阁站多年平均6~9月径流量占年径流量之比分别为57.6%、52.1%、实际计算中各分区6~9月径流量占全年径流量的比值统一采用55%。各分区按代表站的相应6~9月径流量占年径流量百分比推算其汛期水量,将汛期的天然径流量减去同期蓄存水量和汛期用水量,剩余水量即为汛期难以控制利用的下泄洪水量,结果见表6-5和表6-6。

表 6-5　开封市行政分区尚未控制利用的洪水量

行政分区	汛期用水量（亿 m³）	水库拦蓄量（亿 m³）	汛期径流量		尚未控制利用洪水量（亿 m³）
			占全年百分比（%）	径流量（亿 m³）	
市区	0.516 2		55	1.091 7	0.575 6
杞县	0.369 5		55	0.751 3	0.381 7
通许县	0.222 5		55	0.458 7	0.236 1
尉氏县	0.183 4		55	0.775 8	0.592 4
兰考县	0.229 2		55	0.661 7	0.432 5
全市	1.520 8		55	3.739 2	2.218 3

表 6-6　开封市水资源分区尚未控制利用的洪水量

水资源分区	汛期用水量（亿 m³）	水库拦蓄量（亿 m³）	汛期径流量		尚未控制利用的洪水量（亿 m³）
			占全年百分比（%）	径流量（亿 m³）	
花园口以下干流	0.061 6		55	0.220 4	0.158 8
工蚌区间	1.317 0		55	3.063 1	1.746 1
南四湖湖西区	0.142 2		55	0.455 7	0.313 4
合计	1.520 8		55	3.739 2	2.218 3

估算出流域分区的地表水可利用量后，再按面积比拟法计算各行政分区的可利用量。开封市各行政及流域分区地表水资源可利用量估算成果，详见表 6-7 和表 6-8。

表 6-7　开封市行政分区地表水可利用量

行政分区	地表水资源量（亿 m³）	生态需水量（亿 m³）	尚未控制利用的洪水量（亿 m³）	地表水可利用量（亿 m³）	占地表水资源量的比例（%）
市区	1.079 0	0.161 9	0.575 6	0.341 6	31.66
杞县	0.725 7	0.108 9	0.381 7	0.235 1	32.40
通许县	0.446 6	0.067 0	0.236 1	0.143 5	32.13
尉氏县	0.982 5	0.147 4	0.592 4	0.242 7	24.70
兰考县	0.752 5	0.112 9	0.432 5	0.207 1	27.52
合计	3.986 3	0.598 1	2.218 3	1.170 0	29.35

表 6-8　开封市水资源分区地表水可利用量

水资源分区	地表水资源量（亿 m^3）	生态需水量（亿 m^3）	尚未控制利用的洪水量（亿 m^3）	地表水可利用（亿 m^3）	占地表水资源量的比例(%)
花园口以下干流	0.268 0	0.040 2	0.158 8	0.069 0	25.75
王蚌区间	3.181 8	0.477 3	1.746 1	0.958 4	30.12
南四湖湖西区	0.536 5	0.080 5	0.313 4	0.142 6	26.58
合计	3.986 3	0.598 0	2.218 3	1.170 0	29.35

第三节　地下水可开采量

地下水可开采量是指在保护生态环境和地下水资源可持续利用的前提下，通过经济合理、技术可行的措施，在近期下垫面条件下可从含水层中获取的最大水量。开封地区无山区，因此本次主要考虑平原区浅层地下水可开采量。

一、平原区地下水可开采量

根据《全国水资源调查评价技术细则》和《河南省第三次水资源调查评价工作大纲》要求，本次评价主要对平原区矿化度 $M \leqslant 2$ g/L 的浅层地下水 2001~2016 年多年平均可开采量进行评价。平原区地下水可开采量计算方法主要有水均衡法、实际开采量调查法和可开采系数法。

（一）水均衡法

水均衡法是基于地下水水均衡分析原理，计算评价区多年平均地下水可开采量。对地下水开发利用程度较高地区，可在多年平均浅层地下水资源总补给量中扣除难以袭夺的潜水蒸发量、河道排泄量、侧向流出量、湖库排泄量等，近似作为多年平均地下水可开采量，也可按以下公式近似计算多年平均地下水可开采量。

$$Q_{可开采} = Q_{实采} + \Delta W$$

式中：$Q_{可开采}$为多年平均地下水可开采量；$Q_{实采}$为 2001~2016 年多年平均实际开采量；ΔW为 2001~2016 年多年平均地下水蓄变量。

对地下水开发利用程度较低地区，可考虑未来开采量可能增加因素及其引起的补排关系的变化，结合上述方法确定多年平均地下水可开采量。

（二）实际开采量调查法

实际开采量调查法适用于地下水开发利用程度较高、地下水实际开采量统计资料较准确完整且潜水蒸发量较小区域。若评价区评价期内某时段（一般不少于 5 年）的地下水埋深基本稳定，则可将该时段的年均地下水实际开采量近似作为多年平均地下水可开采量。

（三）可开采系数法

采用以下公式计算多年平均地下水可开采量：

$$Q_{可开采} = \rho \times Q_{总补}$$

式中:ρ 为地下水可开采系数,无量纲;$Q_{可开采}$ 为多年平均地下水可开采量;$Q_{总补}$ 为多年平均地下水总补给量。

本次评价采用可开采系数法计算开封市平原区多年平均地下水可开采量。地下水可开采系数 ρ 是反映生态环境约束和含水层开采条件等因素的参数,取值不大于 1.0,要结合近年来地下水实际开采量及地下水埋深等资料,并经水均衡法或实际开采量调查法典型核算后,合理选取。根据开封市实际情况,漏斗区可采用较大可开采系数,一般不小于 0.85,其他区域可适当降低可开采系数。

根据以上计算方法,结合第五章计算结果,开封市平原区矿化度 $M \leqslant 2$ g/L 多年平均浅层地下水可开采量为 6.443 4 亿 m^3,其中花园口以下干流区间 0.276 7 亿 m^3,王蚌区间北岸 5.460 7 亿 m^3,南四湖区 0.706 0 亿 m^3。开封市平原区多年平均地下水可开采量评价成果见表 6-9、表 6-10。

表 6-9　开封市水资源分区平原区地下水可开采量

水资源三级区	地下水总补给量(亿 m^3)	地下水可开采量(亿 m^3)	可开采系数
花园口以下干流区间	0.345 8	0.276 7	0.80
王蚌区间北岸	7.199 0	5.460 7	0.76
南四湖区	0.855 0	0.706 0	0.83
开封市	8.399 8	6.443 4	0.77

表 6-10　开封市行政分区平原区地下水可开采量

行政分区	面积(km^2)	地下水总补给量(亿 m^3)	地下水可开采量(亿 m^3)	可开采系数
鼓楼区	62	0.065 3	0.049 6	0.76
兰考县	1 108	1.639 2	1.298 0	0.79
龙亭区	370	0.850 6	0.651 5	0.77
杞县	1 258	1.338 3	1.015 1	0.76
顺河回族区	72	0.075 8	0.057 5	0.76
通许县	768	0.978 6	0.742 3	0.76
尉氏县	1 299	1.508 4	1.144 2	0.76
祥符区	1 264	1.880 4	1.437 3	0.76
禹王台区	60	0.063 2	0.047 9	0.76
开封市	6 261	8.399 8	6.443 4	0.77

二、山丘区地下水可开采量

开封市全境均位于平原区,故本次评价无此项分析计算内容。

三、分区地下水可开采量

因开封市全境地处平原区，故各流域和行政分区平原区地下水可开采量即为分区地下水可开采量。全市多年平均地下水资源可开采量为6.443 4亿 m^3，其中花园口以下干流区间0.276 7亿 m^3，王蚌区间北岸5.460 7亿 m^3，南四湖区0.706 0亿 m^3。全市各分区多年平均地下水可开采量估算计算成果见表6-11、表6-12。

表6-11　开封市流域分区地下水可开采量

水资源三级区	地下水可开采量(亿 m^3)
花园口以下干流区间	0.276 7
王蚌区间北岸	5.460 7
南四湖区	0.706 0
开封市	6.443 4

表6-12　开封市行政分区地下水可开采量

行政分区	地下水可开采量(亿 m^3)
鼓楼区	0.049 6
兰考县	1.298 0
龙亭区	0.651 5
杞县	1.015 1
顺河回族区	0.057 5
通许县	0.742 3
尉氏县	1.144 2
祥符区	1.437 3
禹王台区	0.047 9
开封市	6.443 4

第七章　水资源质量

随着社会经济的快速发展和人民生活水平的不断提高,水环境问题越来越突出,尤其是急剧下降的水资源质量。水资源质量是指水体中所含物理成分、化学成分、生物成分的总和,决定着水的用途和利用价值。对区域水资源质量进行全面评价是开展水资源保护以及合理开发利用的前提和基础。本章主要以现状 2016 年水质监测资料为依据,开展天然水化学特征分析、水质现状以及变化趋势分析等评价内容。

第一节　地表水资源质量评价

地表水资源质量评价内容包括地表水天然水化学特征、地表水现状水质评价、水功能区达标评价、饮用水水源地水质现状及合格评价和地表水水质变化趋势分析等内容。

一、地表水天然水化学特征

(一)评价基本要求

1. 评价范围

地表水质量变化分析主要是对 2000~2016 年有连续监测数据的河流进行水质变化分析。水质变化趋势分析要求各站点时段长不应低于 5 年,每年监测次数不应低于 4 次(汛期、非汛期各至少 2 次)。评价时段内选择的评价断面应相同或相近。开封市有连续监测数据的河流仅有惠济河、涡河 2 条河流,故本次评价只对以上河流做水质变化分析。

2. 评价项目

评价项目为矿化度、总硬度、钾、钠、钙、镁、重碳酸盐、氯化物、硫酸盐和碳酸盐 10 个项目。

3. 评价内容和方法

1)矿化度和总硬度

按照表 7-1,根据水质站矿化度、总硬度含量确定级别和类型。

2)水化学类型

采用阿列金分类法划分水化学类型,即按水体中阴阳离子的优势成分和离子间的比例关系来确定水化学类型。首先,按优势阴离子将地表水划分为三类:重碳酸盐类、硫酸盐类和氯化物类,它们的矿化度依次增加,水质变差。然后,在每一类中,按优势阳离子划分为钙组、镁组和钠组(钾加钠)三组。在每个组内再按阴阳离子间摩尔浓度的相对比例关系分为四个型:

Ⅰ型:$[HCO_3^-]>2[Ca^{2+}]+2[Mg^{2+}]$;

Ⅱ型:$[HCO_3^-]<2[Ca^{2+}]+2[Mg^{2+}]<[HCO_3^-]+2[SO_4^{2-}]$;

Ⅲ型:$[HCO_3^-]+2[SO_4^{2-}]<2[Ca^{2+}]+2[Mg^{2+}]$或$[Cl^-]>[Na^+]$;

Ⅳ型：$[HCO_3^-]=0$。

表 7-1　地表水矿化度与总硬度评价标准及分级方法

级别	矿化度(mg/L)	总硬度(mg/L)	评价类型	
一级	<50	<25	低矿化度	极软水
	50~100	25~55		
二级	100~200	55~100	较低矿化度	软水
	200~300	100~150		
三级	300~500	150~300	中等矿化度	适度硬水
四级	500~1 000	300~450	较高矿化度	硬水
五级	≥1 000	≥450	高矿化度	极硬水

本分类中每一性质的水均用符号表示，"类"采用相应的阴离子符号表示(C、S、Cl)；"组"采用阳离子的符号表示，写作"类"的次方的形式；"型"则用罗马字标在"类"符号的下面。全符号写成下列形式：如 $C_{Ⅱ}$Ca 表示重碳酸盐类钙组第二型水。

(二)评价结果

1. *矿化度*

矿化度是地表水化学的重要属性之一，它可以直接地反映出地表水的化学类型，又可以间接地反映出地表水无机盐类物质积累或稀释的环境条件。矿化度是水中所含无机矿物成分的总量，它是确定天然水质优劣的一个重要指标，水质随着其含量的升高而下降。

本次评价中，开封市地表水矿化度大部分为四级(含量为 500~1 000 mg/L，较高矿化度)，仅有少部分矿化度为五级(含量>1 000 mg/L，高矿化度)。在 7 个水质代表站中，大王庙水文站和中朱寨桥下矿化度为五级，其余 5 个站均为四级。淮河流域代表站矿化度变幅在 657~1 264 mg/L，平均矿化度为 932 mg/L，详见表 7-2。

2. *总硬度*

总硬度为碳酸盐硬度与非碳酸盐硬度的总和。地表水总硬度的大小取决于 Ca^{2+}、Mg^{2+} 的含量，总硬度随矿化度的增加而增加，地区分布规律基本与矿化度相同。本次评价全市 7 个代表站总硬度都大于 250 mg/L，为五级，均属于极硬水。淮河流域代表站总硬度变幅在 280~327 mg/L，平均总硬度为 312 mg/L。

3. *水化学类型*

地表水中主要离子有 K^+、Na^+、Ca^{2+}、Mg^+、Cl^-、SO_4^{2-}、HCO_3^- 和 CO_3^{2-} 八大离子，它们的总量又常接近河水的矿化度。采用阿列金分类法，按水体中阴阳离子的优势成分和阴阳离子间的比例关系确定水化学类型。

本次评价全市地表水天然水化学类型以 Cl 类 Na 组Ⅱ型为主，占 71.2%，其次是 S 类 Na 组Ⅱ型和 C 类 Na 组Ⅱ型，各占 14.2%。

表 7-2　开封市地表水质站天然水化学类型评价成果

水资源一级区	水资源三级区	县级行政区	河流湖库名称	测站名称	矿化度		总硬度		水化学类型
					浓度（mg/L）	级别	浓度（mg/L）	级别	
淮河流域	王蚌区间北岸	龙亭区	惠济河	孙李唐	657	四级	323	五级	S 类 Na 组 Ⅱ 型
		龙亭区	惠济河	泵站上游 150 m	962	四级	314	五级	Cl 类 Na 组 Ⅱ 型
		禹王台区	惠济河	汪屯桥下 1 000 m	870	四级	327	五级	Cl 类 Na 组 Ⅱ 型
		杞县	惠济河	中朱寨桥下	1 264	五级	327	五级	Cl 类 Na 组 Ⅱ 型
		杞县	惠济河	大王庙水文站	1 146	五级	325	五级	Cl 类 Na 组 Ⅱ 型
		通许县	涡河	邸阁西桥	956	四级	280	五级	Cl 类 Na 组 Ⅱ 型
		尉氏县	贾鲁河	后曹闸	669	四级	287	五级	C 类 Na 组 Ⅱ 型

二、地表水现状水质评价

(一)评价基本要求

1. 评价范围

河流水质评价选用开封市的全部重要水功能区水质监测站点,共计7个。评价范围涉及全市淮河流域,评价河长共计156.7 km。

2. 评价标准

河流的水质类别评价执行《地表水环境质量标准》(GB 3838—2002)。

3. 评价项目

河流水质评价项目包括《地表水环境质量标准》(GB 3838—2002)表1中除水温、石油类、粪大肠菌群外的20个基本项目,即pH、溶解氧、高锰酸盐指数、化学需氧量、五日生化需氧量、氨氮、总磷、铜、锌、氟化物、硒、砷、汞、镉、六价铬、铅、氰化物、挥发酚、阴离子表面活性剂、硫化物。

4. 评价方法

依照《地表水资源质量评价技术规程》(SL 395—2007)规定的单因子评价法进行,即水质类别按参评项目中水质最差项目的类别确定,当不同类别的评价标准值相同时,遵循从优不从劣的原则。单项水质项目浓度超过《地表水环境质量标准》(GB 3838—2002)中Ⅲ类地表水标准限值的称为超标项目,主要超标项目为决定该水质类别的检测项目,将各单项水质项目的超标倍数由高至低排列,前三位为主要污染项目。

5. 评价代表值

本次水资源质量评价以2016年为现状代表年,评价时段分汛期、非汛期和全年,选用非汛期、汛期、全年均值作为评价代表值。

(二)地表水质现状

全市全年期共评价河长156.7 km,其中水质类别Ⅴ类河长57 km,占比36.4%;劣Ⅴ类河长99.7 km,占比63.6%。

汛期共评价河长156.7 km,其中水质类别Ⅴ类河长57 km,占比36.4%;劣Ⅴ类河长99.7km,占比63.6%。

非汛期共评价河长156.7 km,其中水质类别Ⅴ类河长8 km,占比5.1%;劣Ⅴ类河长148.7 km,占比94.9%。

总的来看,全市地表水整体水质状况较差,水体污染形式不容乐观。

1. 按流域分区统计

淮河流域评价河长156.7 km,全年期评价其中水质类别Ⅴ类河长57 km,占比36.4%;劣Ⅴ类河长99.7 km,占比63.6%;汛期其中水质类别Ⅴ类河长57 km,占比36.4%;劣Ⅴ类河长99.7 km,占比63.6%。非汛期评价其中水质类别Ⅴ类河长8 km,占比5.1%,劣Ⅴ类河长148.7 km,占比94.9%。

淮河流域中,王蚌区间北岸区评价河长156.7 km,全年、汛期和非汛期评价,全部为Ⅴ类或劣Ⅴ类水质,主要污染物为氨氮、五日生化需氧量、总磷、化学需氧量、六价铬、溶解氧、氟化物、挥发酚、阴离子表面活性剂。

总体来看,全市淮河流域河流水质状况较差,全市及流域分区河流水质状况评价统计结果详见表7-3;全市及流域全年期不同水质类别占评价河长比例见图7-1。

表7-3 开封市淮河流域水质状况评价统计成果

水资源一级区	评价河长(km)	全年期分类河长						
		类别	Ⅰ类	Ⅱ类	Ⅲ类	Ⅳ类	Ⅴ类	劣Ⅴ类
淮河	156.7	河长(km)	0	0	0	0	57	99.7
		占比(%)	0	0	0	0	36.4	63.6
全市	156.7	河长(km)	0	0	0	0	57	99.7
		占比(%)	0	0	0	0	36.4	63.6

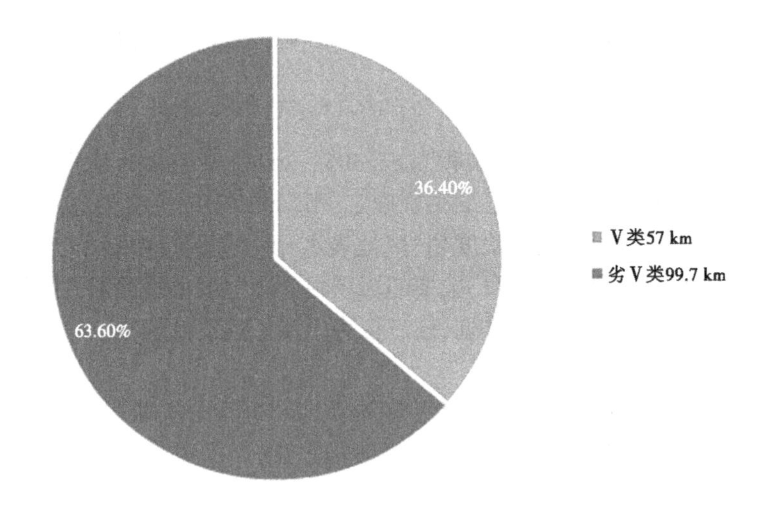

图7-1 全市不同水质类别占评价河长比例

2. 按行政分区统计

按行政分区统计,全年期全市评价水质污染都比较严重,全市各行政区河流水质评价统计结果详见表7-4。全年期河流水质状况评价成果按各行政区统计见图7-2。

表7-4 全市各行政区河流水质状况评价成果统计

行政区	评价河长(km)	全年期分类河长(km)					
		Ⅰ类	Ⅱ类	Ⅲ类	Ⅳ类	Ⅴ类	劣Ⅴ类
龙亭区	13.2	0	0	0	0	0	13.2
禹王台区	8	0	0	0	0	0	8
祥符区	38.5	0	0	0	0	0	38.5
杞县	8	0	0	0	0	0	8
通许县	57	0	0	0	0	57	0
尉氏县	32	0	0	0	0	0	32

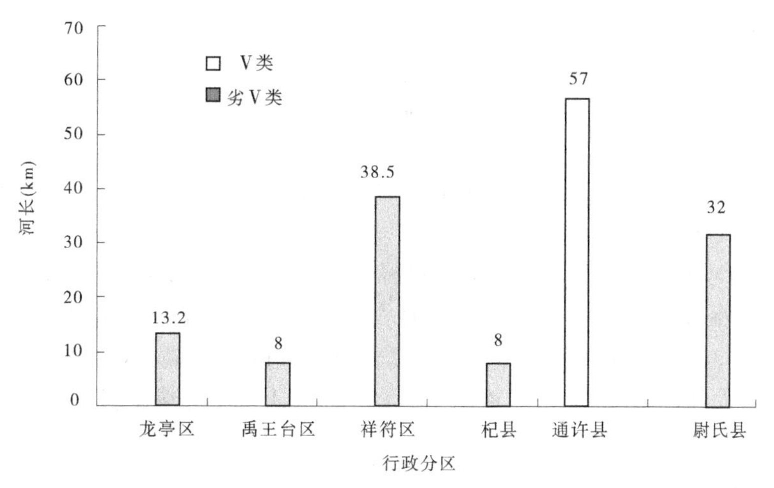

图 7-2 全年期河流水质状况评价成果按各行政区统计图

三、水功能区达标评价

(一)水功能区划情况

开封市纳入《国务院关于全国重要江河湖泊水功能区划(2011~2030年)的批复》中的国家重要水功能区有7个,代表河长156.7 km。其中农业用水区4个,代表河长135.5 km;排污控制区2个,代表河长16 km;景观娱乐用水区1个,代表河长5.2 km。

全市国家重要水功能区划情况详见表7-5。

表 7-5 开封市国家重要水功能区分类统计

一级功能区名称	二级功能区名称	三级区	河流	代表河长(km)
惠济河开封开发利用区	惠济河开封农业用水区	王蚌区间北岸区	惠济河	8
	惠济河开封市景观娱乐用水区	王蚌区间北岸区	惠济河	5.2
	惠济河开封排污控制区	王蚌区间北岸区	惠济河	8
	惠济河开封杞县农业用水区	王蚌区间北岸区	惠济河	38.5
	惠济河杞县排污控制区	王蚌区间北岸区	惠济河	8
贾鲁河郑州开发利用区	贾鲁河尉氏农业用水区	王蚌区间北岸区	贾鲁河	32
涡河太康开发利用区	涡河开封、通许农业用水区	王蚌区间北岸区	涡河	57

(二)评价基本要求

1. 评价范围

河南省政府批复的地表水功能区中除排污控制区外,其余都参与评价。

2. 评价标准

本次评价《地表水环境质量标准》(GB 3838—2002)。

3. 评价项目

全指标评价项目包括《地表水环境质量标准》(GB 3838—2002)表 1 中除水温、石油类、粪大肠菌群外的 21 个基本项目,包括 pH、溶解氧、高锰酸盐指数、化学需氧量、五日生化需氧量、氨氮、总磷、总氮(湖库)、铜、锌、氟化物、硒、砷、汞、镉、六价铬、铅、氰化物、挥发酚、阴离子表面活性剂、硫化物。饮用水源区增加氯化物、硫酸盐、硝酸盐氮、铁和锰 5 项。

4. 评价方法

单次水功能区达标评价依据《地表水资源质量评价技术规程》(SL 395—2007)中相关规定进行。

(三)水功能区达标状况

1. 省级水功能区评价结果

全市 12 个省级地表水功能区除 4 个排污控制区不参加评价外,共 8 个水功能区参与评价。评价河长 212.4 km。全部位于淮河流域王蚌区间北岸,详见表 7-6。

表 7-6　流域分区省级水功能区评价成果统计

水资源一级区	水资源三级区	水质类别			不同水质类别评价河长(km)		
		评价数	V类水	劣V类水	评价河长	V类水河长	劣V类水河长
淮河流域	王蚌区间北岸	8	2	6	212.4	110	102.4
全市总计		8	2	6	212.4	110	102.4

2. 国家重要水功能区评价结果

全市 7 个国家重要水功能区,除 2 个排污控制区外,共 5 个水功能区参与评价。评价河长 140.7 km。全部位于淮河流域王蚌区间北岸,详见表 7-7。

表 7-7　按流域分区国家重要水功能区达标成果统计

水资源一级区	水资源三级区	水质类别			不同水质类别评价河长(km)		
		评价数	V类水	劣V类水	评价河长	V类水河长	劣V类水河长
淮河流域	王蚌区间北岸	5	1	4	140.7	57	83.7
全市总计		5	1	4	140.7	57	83.7

四、地表水水质变化趋势分析

（一）评价基本要求

1. 评价范围

地表水质量变化分析主要是对 2000～2016 年有连续监测数据的河流进行水质变化趋势分析。

水质变化趋势分析要求各站点时段长不应低于 5 年，每年监测次数不应低于 4 次（汛期、非汛期各至少 2 次）。评价时段内选择的评价断面应相同或相近。

开封市有连续监测数据的河流仅有惠济河、涡河 2 条河流，故本次评价只对以上河流做水质变化分析。

2. 分析方法

地表水质量变化分析采用统一的评价标准——《地表水环境质量标准》（GB 3838—2002）评价项目和《地表水资源质量评价技术规程》（SL 395—2007）评价方法相关要求。

分析 2000～2016 年主要河流水质项目浓度值的年际变化。运用 kendall 检验法进行水质变化趋势分析。在对年度水质类别进行评价时，评价项目为高锰酸盐指数、化学需氧量、氨氮和总磷。

（二）趋势变化分析

惠济河以汪屯桥下 1 000 m 和大王庙水文站水质监测站为代表断面。

汪屯桥下 1 000 m 水质监测站高锰酸盐指数浓度呈下降趋势，化学需氧量浓度呈下降趋势，氨氮浓度呈下降趋势，总磷浓度无明显升降趋势，详见表 7-8 和图 7-3。

表 7-8　汪屯桥下 1 000 m 水质监测站主要水质项目浓度统计

年份	高锰酸盐指数（mg/L）	化学需氧量（mg/L）	氨氮（mg/L）	总磷（mg/L）	水质类别
2000		148.5	10.37		劣Ⅴ
2001		223.1	7.85		劣Ⅴ
2002		214.0	6.13		劣Ⅴ
2003	32.7	196.1	4.15	2.7	劣Ⅴ
2004	12.2	10.1	38.73	0.1	劣Ⅴ
2005	26.8	103.5	45.42	3.9	劣Ⅴ
2006	34.7	99.4	63.25	2.2	劣Ⅴ
2007	55.8	203.3	61.32	2.5	劣Ⅴ
2008	44.6	158.3	51.10	1.8	劣Ⅴ
2009	16.1	55.1	31.40	1.2	劣Ⅴ
2010	12.0	43.6	14.70	0.8	劣Ⅴ
2011	15.8	54.5	16.75	1.0	劣Ⅴ
2012	9.7	30.9	11.89	1.2	劣Ⅴ
2013	12.0	42.0	11.64	0.8	劣Ⅴ
2014	9.2	41.2	10.43	0.7	劣Ⅴ
2015	11.7	45.1	12.46	0.9	劣Ⅴ
2016	7.5	41.2	4.42	0.8	劣Ⅴ

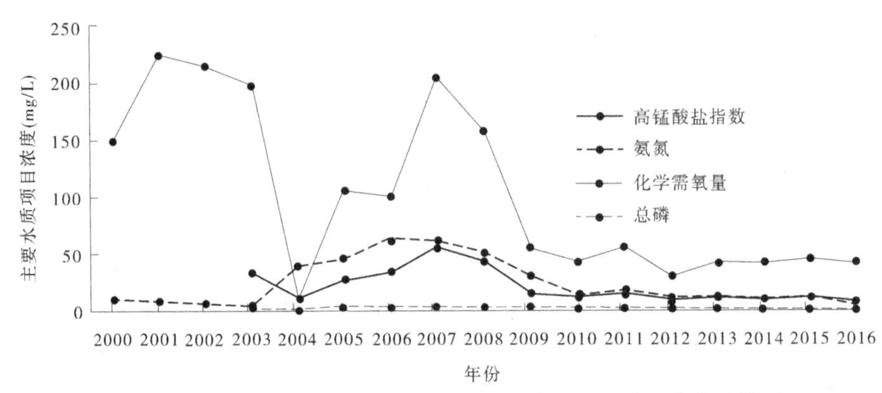

图 7-3　汪屯桥下 1 000 m 水质监测站主要水质项目浓度变化趋势图

大王庙水质监测站高锰酸盐指数浓度呈下降趋势,化学需氧量浓度呈下降趋势,氨氮浓度呈下降趋势,总磷浓度呈下降趋势详见表 7-9 和图 7-4。

表 7-9　大王庙水质监测站主要水质项目浓度统计

年份	高锰酸盐指数(mg/L)	化学需氧量(mg/L)	氨氮(mg/L)	总磷(mg/L)	水质类别
2000		433. 1	16. 75		劣V
2001		253. 7	5. 10		劣V
2002		371. 3	6. 11		劣V
2003	234. 2	783. 3	4. 67	1. 1	劣V
2004	118. 2	293. 9	43. 62	1. 5	劣V
2005	29. 3	97. 7	38. 23	1. 1	劣V
2006	17. 7	57. 3	327	0. 6	劣V
2007	48. 0	141. 7	45. 70	1. 3	劣V
2008	38. 2	103. 3	34. 23	0. 8	劣V
2009	8. 8	34. 4	15. 07	0. 4	劣V
2010	11. 6	41. 7	18. 86	0. 1	劣V
2011	10. 3	28. 5	10. 37	0. 4	劣V
2012	8. 9	28. 7	10. 35	0. 5	劣V
2013	6. 3	19. 0	3. 72	0. 2	劣V
2014	4. 4	9. 0	1. 36	0. 2	劣V
2015	7. 3	22. 9	3. 54	0. 3	劣V
2016	5. 9	35. 1	2. 05	0. 2	劣V

涡河以邸阁水质监测站为代表断面。

邸阁水质监测站高锰酸盐指数浓度呈下降趋势,化学需氧量浓度呈下降趋势,氨氮浓

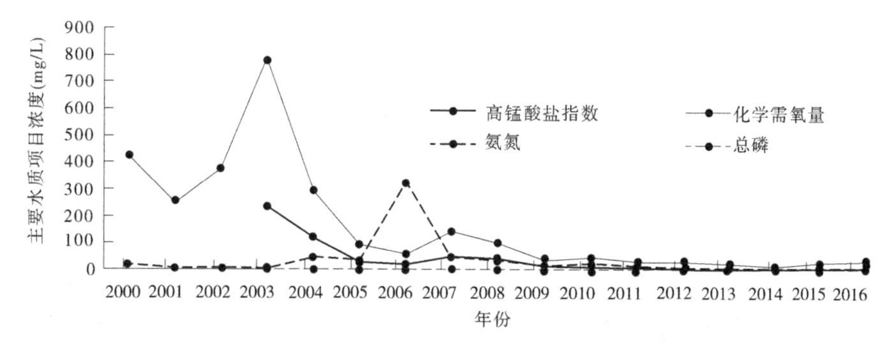

图 7-4　大王庙水质监测站主要水质项目浓度变化趋势

度呈下降趋势,总磷浓度无明显升降趋势,详见表 7-10 和图 7-5。

表 7-10　邸阁水质监测站主要水质项目浓度统计

年份	高锰酸盐指数(mg/L)	化学需氧量(mg/L)	氨氮(mg/L)	总磷(mg/L)	水质类别
2000	10.9		7.62		劣Ⅴ
2001	10.9		7.11		劣Ⅴ
2002	12.7		4.73		劣Ⅴ
2003	14.9	77.4	3.64	1.17	劣Ⅴ
2004	6.1	18.3	0.27	0.10	Ⅳ
2005	14.0	46.2	1.19	0.21	劣Ⅴ
2006	10.7	29.3	0.48	0.14	Ⅴ
2007	11.3	37.0	6.98	0.79	劣Ⅴ
2008	10.0	26.9	5.28	0.20	劣Ⅴ
2009	5.4	16.7	0.53	0.19	Ⅳ
2010	7.2	27.6	0.46	0.19	Ⅴ
2011	6.2	16.1	1.06	0.10	Ⅳ
2012	9.6	38.1	0.93	0.16	劣Ⅴ
2013	5.8	16.8	0.54	0.08	Ⅳ
2014	5.7	16.9	0.86	0.24	劣Ⅴ
2015	5.6	13.8	0.37	0.11	Ⅳ
2016	4.3	29.9	1.00	0.30	Ⅳ

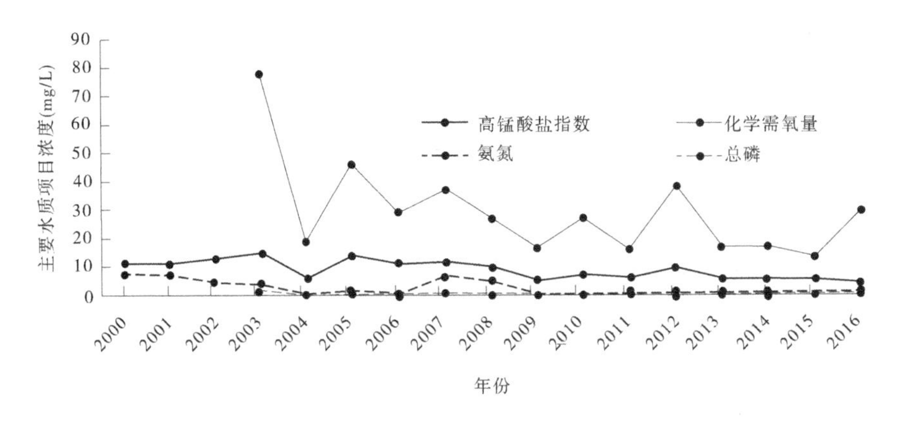

图 7-5　邸阁水质监测站主要水质项目浓度变化趋势图

第二节　地下水资源量评价

地下水水资源质量评价包括地下水天然水化学特征分析和地下水水质现状评价。本次地下水质量评价对象均为全市平原区浅层地下水。

本次地下水资源质量评价以 2016 年为现状评价年,采用国家地下水监测工程(水利部分)以及流域机构和其他部门地下水水质监测资料为评价依据,以水资源三级区套县级行政区作为基本评价单元。

一、地下水天然水化学特征分析

(一)评价项目和评价方法

地下水天然水化学类型评价项目包括:钾、钠、钙、镁、总硬度、矿化度、碳酸根、重碳酸根、硫酸盐、氯化物(氯离子)、pH,共计 11 个项目。

地下水天然水化学类型采用舒卡列夫分类法进行评价。舒卡列夫分类是根据地下水中 6 种主要离子(Na^+、Ca^{2+}、Mg^{2+}、HCO_3^-、SO_4^{2-}、Cl^-,K^+合并于 Na^+)含量及矿化度进行类型划分的。具体步骤如下:

第一步,根据水质分析结果,将 6 种主要离子中含量大于 25%毫克当量的阴离子和阳离子进行组合,组合出 49 型水,并将每型用一个阿拉伯数字作为代号。第二步,按矿化度 M 的大小划分为 4 组:A 组——$M \leq 1.5$ g/L;B 组——1.5 g/L$<M\leq 10$ g/L;C 组——10 g/L$<M\leq 40$ g/L;D 组——$M>40$ g/L。第三步,将地下水化学类型用阿拉伯数字(1~49)与字母(A、B、C 或 D)组合在一起的表达式表示。例如,1-A 型,表示矿化度 M 不大于 1.5 g/L 的 HCO_3-Ca 型水,沉积岩地区典型的溶滤水;49-D 型,表示矿化度大于 40 g/L 的 Cl-Na 型水。舒卡列夫分类见表 7-11。

表 7-11　舒卡列夫分类图表

超过 25%毫克当量的离子	HCO_3^-	$HCO_3^-+SO_4^{2-}$	$HCO_3^-+SO_4^{2-}+Cl^-$	$HCO_3^-+Cl^-$	SO_4^{2-}	$SO_4^{2-}+Cl^-$	Cl^-
Ca^{2+}	1	8	15	22	29	36	43
$Ca^{2+}+Mg^{2+}$	2	9	16	23	30	37	44
Mg^{2+}	3	10	17	24	31	38	45
Na^++Ca^{2+}	4	11	18	25	32	39	46
$Na^++Ca^{2+}+Mg^{2+}$	5	12	19	26	33	40	47
Na^++Mg^{2+}	6	13	20	27	34	41	48
Na^+	7	14	21	28	35	42	49

(二)地下水水化学类型

依据舒卡列夫分类法对开封市平原区 24 眼地下水质监测井进行水化学分类。从分类的统计结果看:$HCO_3^--Ca^{2+}\cdot Mg^{2+}$型和 $HCO_3^--Na^+\cdot Ca^{2+}\cdot Mg^{2+}$型最多,其次为 $HCO_3^-\cdot SO_4^{2-}-Na^+\cdot Ca^{2+}\cdot Mg^{2+}$型。从阴离子看:$HCO_3^-$ 型和 $HCO_3^{=}\cdot SO_4^{2-}$ 型较多;从阳离子看,$Na^+\cdot Ca^{2+}\cdot Mg^{2+}$型较多。全市平原区浅层地下水天然化学类型以 $HCO_3^--Ca^{2+}\cdot Mg^{2+}$和 $HCO_3^--Na^+\cdot Ca^{2+}\cdot Mg^{2+}$型为主。开封市平原区浅层地下水天然水化学类型评价成果见表 7-12。

表 7-12　开封市 2016 年平原区浅层地下水天然水化学类型评价成果

监测井	行政区	水资源三级区	矿化度	地下水化学类型
国豫开龙亭 4 号	龙亭区	王蚌区间北岸	606	5-A
国豫开龙亭 5 号	龙亭区	王蚌区间北岸	855	5-A
国豫开顺河 2 号	顺河区	王蚌区间北岸	747	6-A
国豫开禹王台 1 号	禹王台区	王蚌区间北岸	993	5-A
国豫开禹王台 2 号	禹王台区	王蚌区间北岸	966	4-A
国豫开兰考 1 号	兰考	王蚌区间北岸	474	2-A
国豫开兰考 2 号	兰考	王蚌区间北岸	988	6-A
国豫开兰考 3 号	兰考	南四湖区	589	5-A
国豫开兰考 4 号	兰考	南四湖区	1 263	5-A
国豫开兰考 5 号	兰考	南四湖区	573	2-A
国豫开兰考 6 号	兰考	南四湖区	2 721	6-B
国豫开兰考 7 号	兰考	王蚌区间北岸	589	5-A
国豫开兰考 8 号	兰考	南四湖区	1 385	6-A
国豫开兰考 9 号	兰考	南四湖区	1 302	6-A

续表 7-12

监测井	行政区	水资源三级区	矿化度	地下水化学类型
国豫开杞县 1 号	杞县	王蚌区间北岸	1 656	6-B
国豫开杞县 2 号	杞县	王蚌区间北岸	863	5-A
国豫开杞县 3 号	杞县	王蚌区间北岸	3 098	6-B
国豫开杞县 4 号	杞县	王蚌区间北岸	858	4-A
国豫开杞县 5 号	杞县	王蚌区间北岸	1 210	6-A
国豫开杞县 6 号	杞县	王蚌区间北岸	929	5-A
国豫开杞县 7 号	杞县	王蚌区间北岸	858	2-A
国豫开杞县 8 号	杞县	王蚌区间北岸	500	2-A
国豫开杞县 9 号	杞县	王蚌区间北岸	460	2-A
国豫开杞县 10 号	杞县	王蚌区间北岸	1 165	4-A
国豫开杞县 11 号	杞县	王蚌区间北岸	1 014	5-A
国豫开通许 1 号	通许	王蚌区间北岸	580	2-A
国豫开通许 2 号	通许	王蚌区间北岸	627	2-A
国豫开通许 3 号	通许	王蚌区间北岸	652	2-A
国豫开通许 4 号	通许	王蚌区间北岸	455	2-A
国豫开通许 5 号	通许	王蚌区间北岸	706	5-A
国豫开通许 6 号	通许	王蚌区间北岸	506	2-A
国豫开通许 7 号	通许	王蚌区间北岸	1 195	7-A
国豫开通许 8 号	通许	王蚌区间北岸	932	5-A
国豫开尉氏 1 号	尉氏	王蚌区间北岸	391	2-A
国豫开尉氏 2 号	尉氏	王蚌区间北岸	357	1-A
国豫开尉氏 3 号	尉氏	王蚌区间北岸	939	2-A
国豫开尉氏 4 号	尉氏	王蚌区间北岸	713	2-A
国豫开尉氏 5 号	尉氏	王蚌区间北岸	326	2-A
国豫开尉氏 6 号	尉氏	王蚌区间北岸	252	1-A
国豫开尉氏 7 号	尉氏	王蚌区间北岸	360	1-A
国豫开尉氏 8 号	尉氏	王蚌区间北岸	824	7-A
国豫开尉氏 9 号	尉氏	王蚌区间北岸	376	2-A
国豫开尉氏 10 号	尉氏	王蚌区间北岸	781	1-A
国豫开祥符 1 号	祥符区	王蚌区间北岸	497	2-A

续表 7-12

监测井	行政区	水资源三级区	矿化度	地下水化学类型
国豫开祥符 2 号	祥符区	王蚌区间北岸	1 123	5-A
国豫开祥符 3 号	祥符区	王蚌区间北岸	807	6-A
国豫开祥符 4 号	祥符区	王蚌区间北岸	1 149	6-A
国豫开祥符 5 号	祥符区	王蚌区间北岸	3 894	7-B
国豫开祥符 6 号	祥符区	王蚌区间北岸	239	2-A
国豫开祥符 7 号	祥符区	王蚌区间北岸	282	1-A
国豫开祥符 8 号	祥符区	王蚌区间北岸	625	2-A
国豫开祥符 9 号	祥符区	王蚌区间北岸	648	2-A
国豫开祥符 10 号	祥符区	花园口以下干流区	768	2-A
国豫开祥符 11 号	祥符区	王蚌区间北岸	455	5-A
国豫开祥符 12 号	祥符区	王蚌区间北岸	648	5-A
国豫开祥符 13 号	祥符区	王蚌区间北岸	607	6-A
开封控 2 号(188)	市区	王蚌区间北岸	590	5-A
开封县 4(189)	市区	王蚌区间北岸	680	2-A
开封县 49(190)	市区	王蚌区间北岸	842	2-A
通许 10(195)	通许	王蚌区间北岸	698	2-A
尉氏 8(196)	尉氏	王蚌区间北岸	1 196	2-A
淮海 20(197)	市区	王蚌区间北岸	1 078	6-A
杞县 8(199)	杞县	王蚌区间北岸	861	4-A
杞县 23(193)	杞县	王蚌区间北岸	3 280	5-B
杞县 1(194)	杞县	王蚌区间北岸	1 802	6-B
兰考县 22(198)	兰考	南四湖区	629	6-A
兰考 4(191)	兰考	南四湖区	1 085	5-A
兰考 26(192)	兰考	南四湖区	1 426	6-A
开封市兰考县建设路友谊路交叉口西 100 m 路北住户	兰考	王蚌区间北岸	214	2-A
尉氏县人民医院对面路北 120 m	尉氏	王蚌区间北岸	398	7-A
通许县气象局(在北环路上)	通许	王蚌区间北岸	337	2-A

二、地下水水质现状评价

(一)评价基本要求

1. 评价范围

本次地下水水质现状类别评价共选用全市71眼地下水监测井,70眼在淮河流域,1眼在黄河流域。按行政区统计,杞县最多,共14眼;其次为兰考县、祥符区,各13眼;尉氏12眼;通许10眼;市区9眼。

2. 评价标准

本次地下水水质类别评价标准采用《地下水质量标准》(GB/T 14848—2017)。

3. 评价内容和评价方法

地下水水质类别评价项目包括:酸碱度、总硬度、溶解性总固体、硫酸盐、氯化物、铁、锰、挥发性酚类、耗氧量、氨氮、亚硝酸盐、硝酸盐、氰化物、氟化物、砷、汞、镉、铬(六价)18个项目。

地下水水质类别评价采用单指标评价法,即最差的项目赋全权,又称为一票否决法来确定地下水水质类别。单井各评价指标的全年代表值分别采用其年内多次监测值的算术平均值。

(二)单项及综合评价

根据水质监测井各监测项目的监测值,依照《地下水质量标准》(GB/T 14848—2017)确定其水质类别,然后按照超Ⅲ类水质标准进行评价,并按流域分区和行政区进行统计、分析。

1. 单项及综合评价

从地下水质单项目监测结果来看,在18个监测项目中,挥发性酚类、耗氧量、亚硝酸盐、氰化物、汞、砷、铬(六价)7个项目均未超过Ⅲ类水质标准,其余项目按超Ⅲ类水质标准个数百分比由高到低依次为总硬度、硫酸盐、溶解性总固体、铁、氟化物、锰、硝酸盐、氨氮、氯化物、酸碱度、镉。

2. 综合评价

从全市地下水质综合评价结果来看,在全市71眼地下水水质监测井中,Ⅳ类水质有27眼,占比38%;Ⅴ类水质有44眼,占比62%。总的来看,全市浅层地下水水质差,达标率低。

全市各水资源分区和行政分区2016年浅层地下水水质综合评价结果详见表7-13、表7-14。

表 7-13 开封市平原区浅层地下水水质监测综合评价统计表(按水资源分区)

水资源三级区	监测井数	Ⅰ		Ⅱ		Ⅲ		Ⅳ		Ⅴ	
		井数	占比(%)	井数	占比(%)	井数	占比(%)	井数	占比(%)	井数	占比(%)
王蚌区间北岸	61	0	0	0	0	0	0	20	32.8	41	67.2
南四湖区	9	0	0	0	0	0	0	6	66.7	3	33.3
花园口以下干流区	1	0	0	0	0	0	0	1	100	0	0
全市	71	0	0	0	0	0	0	27	35.9	44	32.8

表 7-14 开封市平原区浅层地下水水质监测综合评价统计表(按行政分区)

水资源三级区	监测井数	Ⅰ		Ⅱ		Ⅲ		Ⅳ		Ⅴ	
		井数	占比(%)	井数	占比(%)	井数	占比(%)	井数	占比(%)	井数	占比(%)
市区	9	0	0	0	0	0	0	4	44.4	5	55.6
祥符区	13	0	0	0	0	0	0	6	46.2	7	53.8
兰考县	13	0	0	0	0	0	0	8	61.5	5	38.5
杞县	14	0	0	0	0	0	0	4	28.5	10	71.5
通许县	10	0	0	0	0	0	0	2	20.0	8	80.0
尉氏县	12	0	0	0	0	0	0	3	25.0	9	75.0
全市	71	0	0	0	0	0	0	27	35.9	44	32.8

第三节　水资源保护对策及措施

近年来,随着社会经济的快速发展,水资源短缺及水污染严重已成为制约经济社会可持续发展的关键性因素,水污染导致水功能丧失,水环境恶化,“水质型”缺水正在成为开封市面临的一个严重问题。从本次开封市水资源质量评价结果来看,开封市地表水整体水质状况较差,水体污染形式不容乐观,尤其是淮河流域,除断流河段外,其余河流几乎全部为Ⅴ类或劣Ⅴ类水质。

由于地表水和浅层地下水的密切联系,地表水体的污染也间接导致了浅层地下水的污染。农业、化肥的不合理使用,其大量残留物滞留在土壤中,随着降水的淋溶作用渗入地下也是造成浅层地下水污染的主要原因。针对水污染状况,提出如下对策和措施。

一、加大宣传力度,使水资源保护工作家喻户晓

水资源质量的优劣直接关系到社会经济的可持续发展、人居环境的改善以及人民生活用水的安全,影响到人民群众的身心健康。水资源保护不仅是政府和主管部门的大事,更要依靠全社会各行各业,全民动员。要通过媒体大力宣传,做到家喻户晓,人人参与,使社会养成爱护环境的良好风尚。

二、加强法制管理,控制水质污染

水行政主管部门和环境保护部门要根据《中华人民共和国水法》《中华人民共和国环境保护法》《中华人民共和国水污染防治法》等法律,对水资源质量进行保护,使水资源保护管理工作步入法制轨道,加强对地下水水质保护的科研工作,制定地下水保护规划和保护条例等,强化地下水的保护工作。

三、有效控制入河污染物排放总量

针对水功能区划的要求,影响水体功能的排污城镇要按规划的期限削减排污量,达到总量控制的要求,同时加大城市污水处理能力,贯彻“污染者负担”的原则,使排污与治理相协调。对农村污水的无序排放,着重抓好乡镇企业治理,有害污水不得任意排入河道,否则应按国家现定的关、停、并、转处理;对集中养殖的禽畜应实行生物治理措施,化害为利,同时大力宣传科学合理使用农药、化肥,尽量使污染降低至最低限度。

四、大力开展节约用水

节水是水资源保护的重要环节。农业节水和控污潜力很大,应逐步调整农业种植结构,实行节水灌溉,提高灌溉用水有效利用系数。工业节水从调整产业结构、设备更新和提高用水重复利用率等方面,加强内部管理,增加废水处理和回用设施,改善生产工艺和生产设备,减少高耗水产业。城镇生活用水,随着城市化步伐的加快,用水量逐年增加,在大中城市应推广节水器具,大力开展节水宣传,提高人民群众节约用水的自觉性。

五、强化水资源保护监督体系

强化监督是实现水资源保护的重要手段。要提高监督管理的职能与措施，落实水资源保护经费，加强省、市、县三级水资源保护监督管理体系的建设，提高监测监控水平，正确和有效行使国家赋予的水资源保护职能。加快水资源保护监测和管理现代化、信息化的建设进程，重点加强省及各市水环境监测中心、重点水域水质自动监测、应急监测以及水质预警、预报和水环境信息系统的建设，使监督体系全面、快速、及时、有效。

第八章　水资源开发利用

水资源开发利用评价主要是调查收集区域内历年统计年鉴、水资源公报以及水中长期规划成果，通过分析整理与用水密切关联的主要经济社会指标，评价开封市流域和行政分区现状年（2016年）供水量、用水量及用水消耗情况，分析供、用水量的组成情况以及评价期（2010～2016年）的变化趋势。评价采用的资料系列为2010～2016年，共7年。

第一节　社会经济发展指标

收集统计与用水密切关联的经济社会发展指标，是分析区域用水水平的基础。社会经济发展指标主要包括常住人口、地区生产总值（GDP）、工业增加值、耕地面积、灌溉面积、粮食产量、鱼塘补水面积以及牲畜数量等。

一、常住人口及城镇化率

常住人口指在统计范围内的城镇或乡村常住半年以上的人口。2010年以来，开封市常住人口维持在460万左右，2010年常住人口最多，为468万，2015年最少，为454万。全市城镇化发展水平逐年提升，常住人口城镇化率由2010年的35.9%提升到2016年的45.9%，城镇化率平均每年提升1.4个百分点。

从各行政区来看，市区（含祥符区，下同）常住人口最多且呈现持续增长的特点，其常住人口由2010年的82.8万增加到2016年的101.9万，城镇化率维持在53%以上，且呈现持续增长的特点。市区常住人口增加较多一方面是由于2012年行政区划调整，将部分乡镇纳入城乡一体化示范区，导致市区常住人口增加较多；另一方面也是其经济发展水平相对较好，由此形成对人口的虹吸效应所导致。

其他各县级行政区常住人口维持在52万～100万，其中通许县最少。在人口城镇化率方面，杞县城镇化率最低，截至2016年，其城镇化率仅为34.7%，小于全市平均水平，尉氏县和兰考县城镇化率超过37%，通许县城镇化率不到34.8%。

二、GDP及工业增加值

地区生产总值（GDP）指按市场价格计算的统计范围内所有常住单位在一定时期内生产活动的最终成果，为所有常住单位的增加值之和。工业增加值是指统计范围内工业行业在一定时期内以货币表现的工业生产活动的最终成果，是企业生产过程中新增加的价值。这两个指标是一个国家或地区经济发展状况的直接体现。

全市GDP（当年价）由2010年的927.2亿元增加至2016年的1 755.1亿元，年均增长率为11.2%；人均GDP由2010年的2.0万元增加至2016年的3.9万元，年均增长率为11.8%；工业增加值（当年价）由2010年的368.3亿元增加到2016年的645.1亿元，年均增长率为9.8%，表明自2010年以来全市经济呈现持续增长的良好发展局面。

从各行政区来看，市区是全市GDP最高的地区，自2010年以来，其GDP占全市的比例维持在30%以上，2016年占比最大，达到37.8%；通许县GDP最低，占全市比例不到13%；其他行政区GDP占全市比例为14%~19%，其中尉氏县相对较高。从人均GDP来看，市区、通许县和兰考县最高，其人均GDP维持在全市平均水平线之上，杞县和尉氏县相对较低，其人均GDP略低于全市平均水平。

各行政区工业增加值情况与GDP类似但又呈现不同的特点。2012年之前，市区工业增加值占全市比重最大，在32%以上，2011年最高为35.0%；2012年之后，市区工业增加值虽逐年上升（2015年为负增长，-4.3%），占全市工业增加值比重略有下降，在30%左右，2013年最低，为28.6%。2010~2016年以来，除兰考县工业增加值占全市比重有一定小幅提升外，其他县占全市比重变化较小。分析其原因可知，开封市工业体系较为薄弱，但煤化工、皮革生产和造纸等高耗能、高污染产业占有较大比重。2014年开始，随着国家产业结构的优化调整和污染防治攻坚战等一系列政策的实施，一些高耗能、高污染工业企业逐渐减产并淘汰，工业增加值也不可避免地会受到影响，从全市2013~2015年工业增加值增长较慢也能看出这种特点。虽然短期全市经济尤其是工业会受到一定影响，但从长期来看，这种转型升级有利于全市经济持续健康的发展。

三、农业

（一）耕地及灌溉面积

评价期（2010~2016年）内全市耕地面积维持在621.0万~626.0万亩，人均耕地面积维持在1.35亩左右，变化不大。现状2016年，全市耕地面积624.5万亩，市区耕地面积最大，为166.1万亩，折合人均耕地1.04亩；通许耕地面积最小，为79.6万亩，折合人均耕地1.53亩。

全市耕地实际灌溉面积见表8-1，2010~2013年在457.9万~475.8万亩，变化不大。2014~2016年突减到357.2万~362.3万亩，差异较大。根据《开封市水利年报》统计数据分析，2014~2016年缺少尉氏县耕地实际灌溉面积，故出现变幅较大情况。

表8-1　2010~2016年全市主要社会经济发展指标情况

年份	2010	2011	2012	2013	2014	2015	2016
城镇人口（万人）	168.0	176.0	185.0	191.0	194.0	201.0	209.0
农村人口（万人）	300.0	290.0	280.0	273.6	261.0	253.0	246.0
常住人口总数（万人）	468.0	466.0	465.0	464.6	455.0	454.0	455.0

续表 8-1

年份	2010	2011	2012	2013	2014	2015	2016
GDP(亿元)	927.2	1 072.4	1 207.1	1 363.5	1 492.1	1 605.8	1 755.1
工业增加值(亿元)	368.3	431.0	487.1	556.0	574.3	592.9	645.1
耕地面积(万亩)	626.0	624.8	624.3	621.6	621.5	621.0	624.5
耕地实际灌溉面积(万亩)	457.9	469.6	475.8	461.4	357.2	362.3	361.0
林果地实际灌溉面积(万亩)	7.5	7.3	7.3	24.7	25.1	25.2	25.3
鱼塘补水面积(万亩)	8.1	7.5	9.6	9.8	8.1	7.2	6.9
大牲畜数量(万头)	60.3	56.8	54.2	54.5	54.2	54.4	47.9
小牲畜数量(万头)	481.5	482.8	486.1	471.6	465.1	445.8	436.1

(二)鱼塘补水面积和牲畜数量

评价期内全市鱼塘补水面积变化不大,2013年面积最大,往后呈逐年减少趋势。

大牲畜主要指牛、马、驴、骡,小牲畜主要指猪和羊,不含鸡、鸭等家禽。评价期内大小牲畜均呈减少趋势,大牲畜由2010年的60.3万头减少至2016年的47.9万头,随着农业机械化程度的提高,普遍不再使用大牲畜耕种是其减少的一个重要原因;小牲畜由2010年的481.5万头减少至2016年的436.1万头,农村人居环境的治理和家庭散养的逐渐消失是其减少的原因。

评价期内全市主要社会经济发展指标情况见表8-1。主要指标变化趋势见图8-1~图8-3。

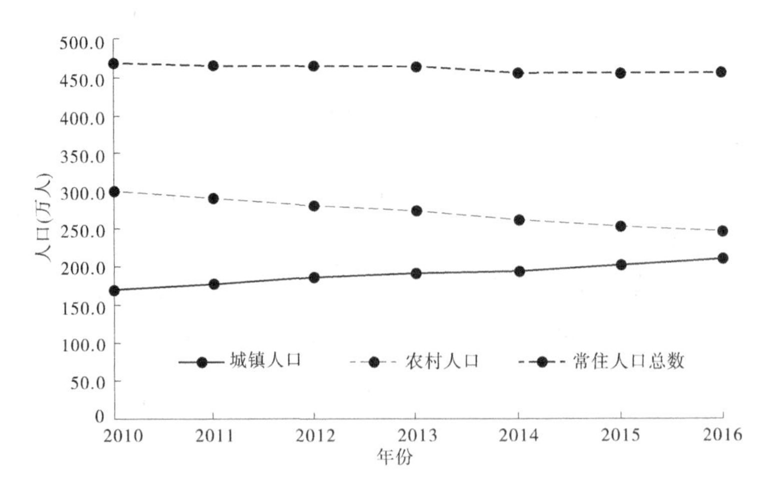

图 8-1　2010~2016 年全市常住人口变化趋势

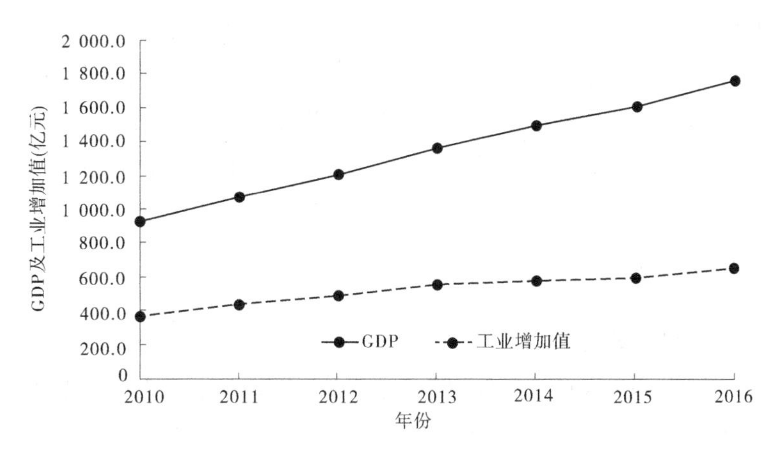

图 8-2　2010~2016 年全市 GDP 及工业增加值变化趋势

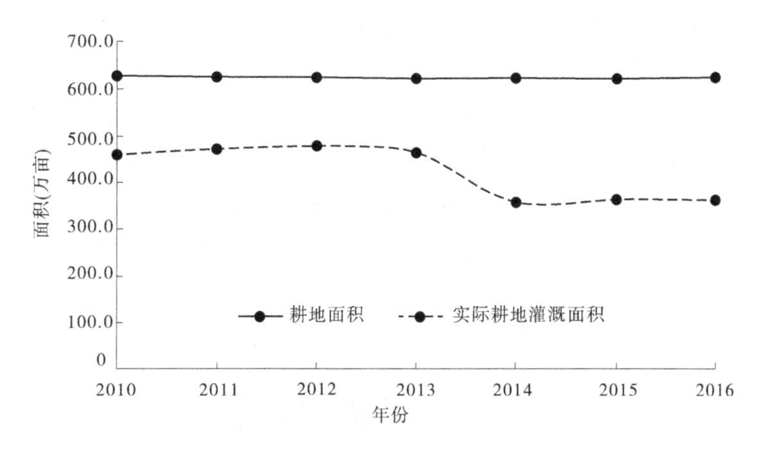

图 8-3　2010~2016 年全市耕地灌溉面积变化趋势

第二节　供水量

供水量是指各种水源为河道外取用水户提供的包括输水损失在内的水量之和,按受水区统计。在受水区内,按取水水源分为地表水源供水量、地下水源供水量和其他水源供水量 3 种类型统计。

地表水源供水量按蓄、引、提、调四种形式统计,为避免重复统计,规定从水库、塘坝中引水或提水的,均属蓄水工程供水量;从河道或湖泊中自流引水的,无论有闸或无闸,均属引水工程供水量;利用扬水站从河道或湖泊中直接取水的,属提水工程供水量;跨流域调水是指无天然河流联系的独立流域之间的调配水量,不包括在蓄、引、提水量中。

地下水源供水量指水井工程的开采量,按浅层淡水和深层承压水分别统计。浅层淡水指埋藏相对较浅,与当地大气降水和地表水体有直接水力联系的潜水(淡水)以及与潜水有密切联系的承压水,是容易更新的地下水。深层承压水是指地质时期形成的地下水,埋藏相对较深,与当地大气降水和地表水体没有密切水力联系且难以补给更新的承压水。

其他水源供水量包括污水处理回用量、集雨工程利用量、微咸水利用量、海水淡化供水量。污水处理回用量指经过城市污水处理厂集中处理后的直接回用水量,不包括企业内部废污水处理的重复利用量;集雨工程利用量指通过修建集雨场地和微型蓄雨工程(水窖、水柜等)取得的供水量;微咸水利用量指矿化度为2~5 g/L的地下水利用量;海水淡化供水量指海水经过淡化设施处理后供给的水量。

一、现状年供水量及其构成

(一)行政分区供水量与构成

全市2016年实际供水量为15.607 2亿m^3,按供水水源分类,地表水源供水量7.091 6亿m^3,地下水源供水量8.515 6亿m^3,分别占总供水量的45.4%和54.6%。引黄水量全部为黄河流域水源调往淮河流域,主要用于淮河流域农业灌溉和少部分生活用水;地下水供水水源主要以浅层地下水为主,随着对中深层地下水的保护,深层承压水的开采量呈现逐年减少的趋势。

2016年全市供水结构主要以开采浅层地下水为主,其次为跨流域调水,二者合计供水量占全市供水总量的91.5%,引水工程供水量和深层承压水供水量相对较少,全市供水结构呈现以跨流域调水和浅层地下水源为主、引水工程适当补充、保护中深层地下水、逐年减少深层承压水开发的供水格局。开封市2016年供水结构见图8-4。

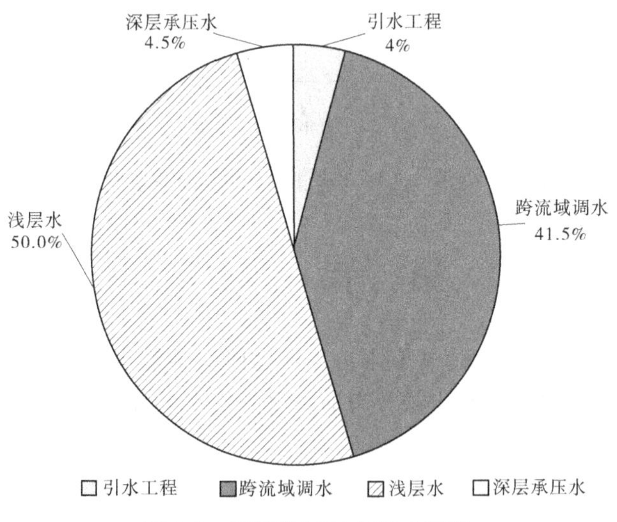

图8-4 开封市2016年供水结构

从全市各行政区2016年供水量来看,市区供水量超过6亿m^3,为全市最多,占全市供水总量的38.6%;通许县供水量最少,为2.129 1亿m^3,占全市供水总量的比例为13.6%;杞县、尉氏县和兰考县供水量为2.3亿~2.8亿m^3。从全市各行政区2016年供水结构来看,市区以地表水源供水为主,地表水源供水量占当地总供水量比例在57%,这与其拥有较为丰富的引黄水源条件有关;其他县(区)地下水源供水占比较重,杞县和通许县对地下水的依赖尤为严重,地下水源供水量占当地总供水量的比重在65%以上。全市 2016 年各行政区供水量成果见表 8-2;各行政区供水结构见图 8-5。

表 8-2　全市各行政区 2016 年供水量　　(单位:亿 m^3)

行政区	地表水源供水量					地下水源供水量			总供水量
	蓄水	引水	提水	跨流域调水	小计	浅层水	深层承压水	小计	
市区		0.615 0		2.815 8	3.430 8	2.413 3	0.178 0	2.591 3	6.022 1
杞县				0.914 3	0.914 3	1.728 6	0.122 8	1.851 4	2.765 7
通许县				0.695 3	0.695 3	1.356 5	0.077 3	1.433 8	2.129 1
尉氏县				1.014 7	1.014 7	1.261 4	0.098 2	1.359 6	2.374 3
兰考县				1.036 5	1.036 5	1.049 5	0.230 0	1.279 5	2.316 0
全市合计		0.615 0		6.476 6	7.091 6	7.809 3	0.706 3	8.515 6	15.607 2

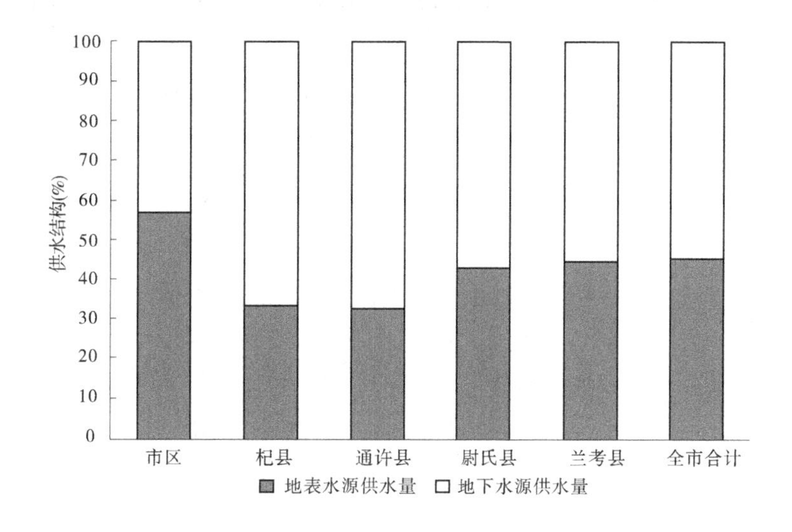

图 8-5　全市各行政区 2016 年供水结构

(二)水资源分区供水量与构成

开封市分属于黄河、淮河两大流域,黄河流域 2016 年供水量为 0.871 3 亿 m^3,占全市总供水量的 5.6%,淮河流域 2016 年供水量为 14.735 9 亿 m^3,占全市总供水量的 94.4%,其中,王蚌区间北岸供水量 13.003 6 亿 m^3,南四湖湖西区供水量 1.732 3 亿 m^3。

从流域分区供水结构来看,黄河流域供水水源主要以流域内引水工程实现,饮水工程供水量占流域供水总量的 70.6%,余下的为地下水源供水,占流域供水总量的 29.4%,其中地下水水源以浅层地下水为主,占流域内地下水源供水量的 81.4%。

淮河流域地下水源供水量占流域供水总量的 56.0%,跨流域调水工程供水量占流域供水总量的 44.0%。淮河流域供水仍是以开采地下水源为主,但地表水源中的跨流域调水供水量占流域供水总量的比重相对较大,这与流域内引黄水量较多这一基本情况相一致。

按水资源分区，花园口以下干流区间、王蚌区间北岸和南四湖湖西区占全市供水总量的比例分别为5.6%、83.3%和11.1%。全市各流域分区2016年供水量情况见表8-3；供水结构见图8-6。

表8-3　全市各水资源分区2016年供水量　（单位：亿 m^3）

水资源分区	地表水源供水量					地下水源供水量			总供水量
	蓄水	引水	提水	跨流域调水	小计	浅层水	深层承压水	小计	
花园口以下干流区间		0.615 0			0.615 0	0.208 7	0.047 6	0.256 3	0.871 3
王蚌区间北岸				5.701 3	5.701 3	6.815 6	0.486 7	7.302 3	13.003 6
南四湖湖西区				0.775 3	0.775 3	0.785 0	0.172 0	0.957 0	1.732 3
全市合计		0.615 0		6.476 6	7.091 6	7.809 3	0.706 3	8.515 6	15.607 2

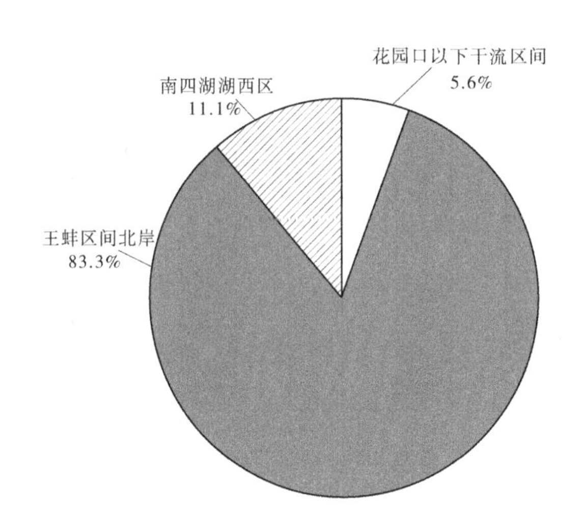

图8-6　全市各水资源分区2016年供水结构

二、供水量变化趋势分析

评价期2010~2016年，全市年均供水总量14.457 3亿 m^3，供水量最大年份为2016年，供水量15.607 2亿 m^3；最小年份为2014年，供水量13.564 3亿 m^3，2013~2014年供水量变幅最大为1.874 1亿 m^3。

从供水水源工程来看，引水工程年均供水量0.335 3亿 m^3，占年均供水总量的2.3%，跨流域调水年均供水量4.937 5亿 m^3，占年均供水总量的34.2%，浅层地下水年均开采量8.178 6亿 m^3，占年均供水总量的56.6%，深层承压水年均开采量1.005 9亿 m^3，占年均供水总量的6.9%。评价期全市各水源工程供水量情况见表8-4。

表 8-4　2010~2016 年全市各水源工程供水量　（单位：亿 m³）

年份	地表水源供水量					地下水源供水量			总供水量
	蓄水	引水	提水	跨流域调水	小计	浅层水	深层承压水	小计	
2010		0. 142 9		3. 594 1	3. 737 0	9. 240 7	1. 305 4	10. 546 1	14. 283 1
2011		0. 146 4		3. 641 5	3. 787 9	9. 045 9	1. 312 1	10. 358 0	14. 145 9
2012		0. 128 1		3. 569 3	3. 697 4	8. 987 6	1. 239 4	10. 227 0	13. 924 4
2013		0. 220 2		3. 860 7	4. 080 9	10. 429 5	0. 928 0	11. 357 5	15. 438 4
2014		0. 494 4		5. 707 6	6. 202 0	6. 475 3	0. 887 0	7. 362 3	13. 564 3
2015		0. 599 9		7. 712 6	8. 312 5	5. 262 1	0. 663 2	5. 925 3	14. 237 8
2016		0. 615 0		6. 476 6	7. 091 6	7. 809 3	0. 706 3	8. 515 6	15. 607 2
平均值		0. 335 3		4. 937 5	5. 272 8	8. 178 6	1. 005 9	9. 184 5	14. 457 3

2010~2016 年评价期内，开封市供水总量除受自然因素影响产生的变幅外，总体上变化不大。地表水源工程供水量受当年来水情况以及供水工程设施建设运行情况等因素影响；地下水源供水量主要用于平原区农田灌溉，而农田灌溉用水受降水丰枯年型影响较大，据多年统计资料分析，地下水源供水量变化趋势与农业用水量的变化趋势基本一致。

在地表水源工程中，引水工程供水量呈增加趋势，这与 2013 年以后黄河内滩区生态农庄的快速兴起有关；2013 年以后，跨流域调水量增加较为明显，主要是为了保护地下水资源，减少开采地下水，因而增加跨流域引黄水量，从而满足开封市经济社会发展的需要。全市评价期不同水源工程供水量变化趋势见图 8-7。

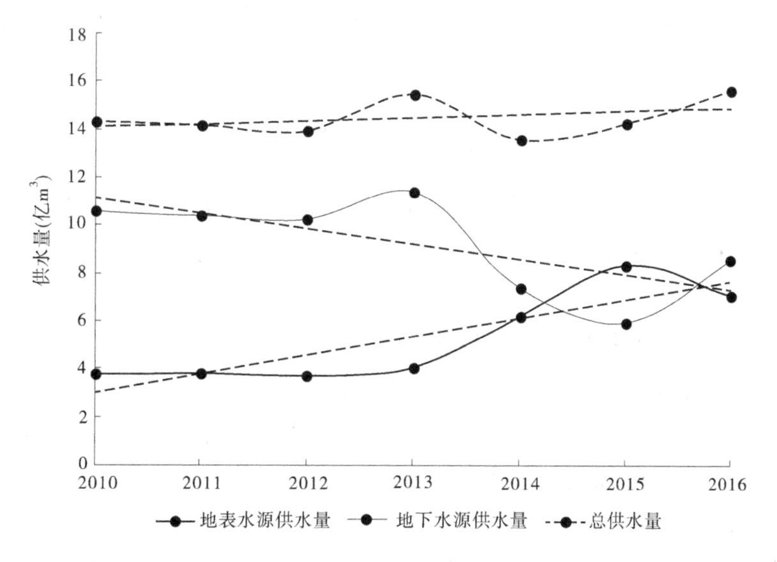

图 8-7　2010~2016 年全市不同水源工程供水量变化趋势

第三节　用水量

用水量指各类河道外取用水户取用的包括输水损失在内的水量之和。按用户特性分为农业用水、工业用水、生活用水和人工生态环境补水四大类,同一区域用水量与供水量应相等。

农业用水包括耕地灌溉用水、林果地灌溉用水、草地灌溉用水、渔塘补水和牲畜用水。

工业用水指工矿企业在生产过程中用于制造、加工、冷却、空调、净化、洗涤等方面的新水取用量,包括火(核)电工业用水和非火(核)电工业用水,不包括企业内部的重复利用水量。

生活用水指城镇生活用水和农村生活用水。其中,城镇生活用水包括城镇居民生活用水和公共用水(含服务业和建筑业用水),农村生活用水指农村居民生活用水。

人工生态环境补水包括人工措施供给的城镇环境用水和部分河湖、湿地补水,不包括降水、地面径流自然满足的水量,分为城镇环境用水和河湖补水两大类。城镇环境用水包括绿地灌溉用水和环境卫生清洁用水两部分,其中绿地灌溉用水指在城区和镇区内用于绿化灌溉的水量;环境卫生清洁用水是指在城区和镇区内用于环境卫生清洁(洒水、冲洗等)的水量。河湖补水量是指以生态保护、修复和建设为目标,通过水利工程补给河流、湖泊、沼泽及湿地等的水量,仅统计人工补水量中消耗于蒸发和渗漏的水量部分。

一、现状年用水量及其构成

(一)行政分区用水量及其构成

全市 2016 年实际用水总量为 15.607 2 亿 m^3,农业用水量 9.654 1 亿 m^3,占全市用水总量的 61.9%,其中农田灌溉用水量 8.303 7 亿 m^3,林果地灌溉用水量 0.221 1 亿 m^3,鱼塘补水量 0.360 4 亿 m^3,牲畜用水量 0.768 9 亿 m^3;工业用水量 2.199 5 亿 m^3,占全市用水总量的 14.1%,其中火电用水量 0.130 5 亿 m^3,一般工业用水量 2.069 0 亿 m^3;生活用水量 1.793 5 亿 m^3,占全市用水总量的 11.5%,其中城镇居民生活和城镇公共用水量 1.142 8 亿 m^3,农村居民生活用水量 0.650 7 亿 m^3;生态环境用水量 1.960 1 亿 m^3,占全市用水总量的 12.5%。

从 2016 年全市用水结构来看,农业用水量占全市用水总量的 60%以上,在用水结构中占绝对优势,这也是由河南省作为农业大省、全国粮食生产核心区的地位决定的;工业用水量占全市用水总量的 14.1%,低于全省工业用水量占比,这与开封市工业基础薄弱相关;其余是生活用水量和生态环境用水量。全市 2016 年用水结构见图 8-8。

从全市各行政区现状 2016 年用水量来看,市区用水量超过 6 亿 m^3,为全市最多,占全市用水总量的 38.6%;通许县用水量最少,为 2.129 1 亿 m^3,占全市用水总量的比例 13.6%;杞县、尉氏县和兰考县用水量在 2.3 亿~2.8 亿 m^3。

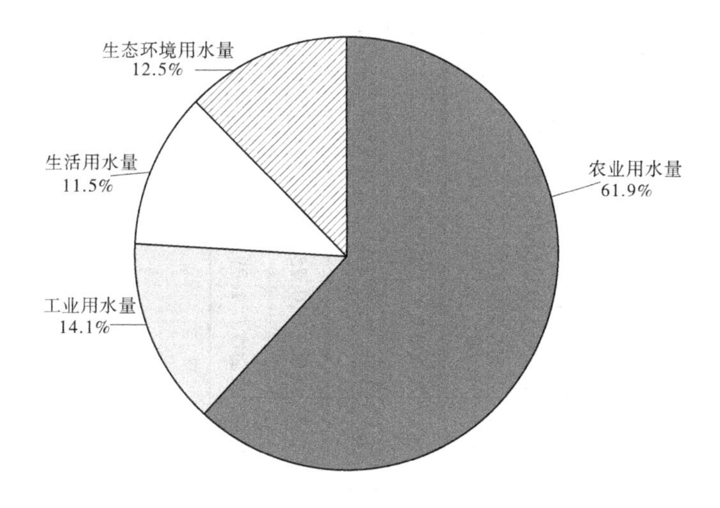

图 8-8　全市 2016 年用水结构

各行政区由于经济发展水平、人口数量和居民生活水平等方面的不同,用水结构呈现不同的特点。由于近年来不断推进的城市生态环境治理和河湖水系建设,市区生态环境用水量占用水总量的比例相比于其他县市明显要大,达到 18.0%。由于开封市工业基础相对薄弱,工业用水量占用水总量的比重相对较小。农业用水仍然占主导地位,全市各县农业用水量占用水总量的比例几乎都大于 60%。其中,通许县农业用水量占用水总量比例最大,达到 69.3%;生活用水量占用水总量的比例各县基本一致,在 10%左右。全市各行政区 2016 年用水量情况见图 8-9、表 8-5。

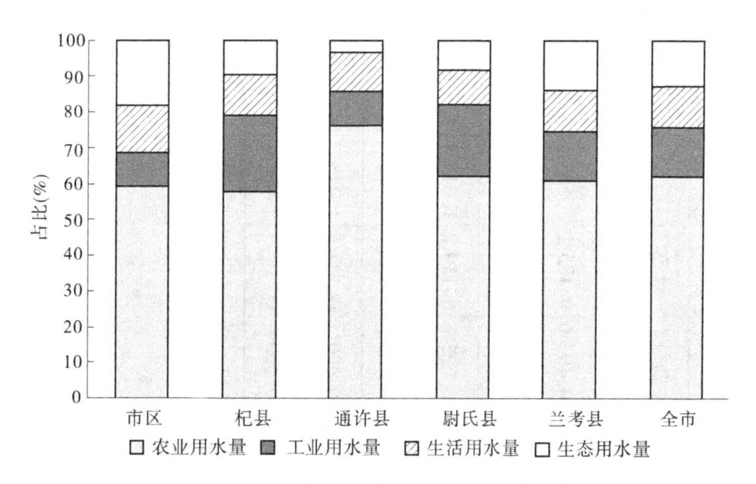

图 8-9　全市各行政区 2016 年用水结构

表 8-5　全市各行政区 2016 年用水量

（单位：亿 m^3）

县级行政区	农业用水量					工业用水量			生活用水量					生态环境用水量	总用水量
	耕地灌溉	林果地灌溉	鱼塘补水	牲畜用水	小计	火电	一般工业	小计	城镇生活	农村居民生活	建筑业	服务业	小计		
市区	3.129 9	0.046 2	0.193 6	0.175 1	3.544 8	0.130 5	0.473 5	0.604	0.294	0.232	0.067 8	0.194 8	0.788 6	1.084 7	6.022 1
杞县	1.370 6	0.003 7	0.045 6	0.182 4	1.602 3		0.59	0.59	0.194 1	0.099 3	0.005	0.005	0.303 4	0.27	2.765 7
通许县	1.461 7	0.017 9	0.025 6	0.110 2	1.615 4		0.206 9	0.206 9	0.102	0.108 1	0.020 2	0.000 2	0.230 5	0.076 3	2.129 1
尉氏县	1.180 3	0.033 8	0.095 2	0.166 6	1.475 9		0.479 6	0.479 6	0.106 5	0.107 3	0	0	0.213 8	0.205 1	2.374 4
兰考县	1.161 2	0.119 5	0.000 4	0.134 6	1.415 7		0.319	0.319 0	0.142 6	0.104	0.007	0.003 6	0.257 2	0.324	2.315 9
全市合计	8.303 7	0.221 1	0.360 4	0.768 9	9.654 1	0.130 5	2.069	2.199 5	0.839 2	0.650 7	0.1	0.203 6	1.793 5	1.960 1	15.607 2

(二)水资源分区用水量及其构成

按流域分区统计用水量成果，黄河流域和淮河流域现状2016年用水量分别为0.871 1亿 m^3 和14.736 1亿 m^3，占全市用水总量的5.6%和94.4%。按水资源分区，花园口以下干流区、王蚌区间北岸和南四湖湖西区占全市用水总量的比例分别为5.6%、83.3%和11.1%。

黄河流域农业用水量0.631 9亿 m^3，占流域用水总量的72.5%，是流域内第一用水大户，其次是生活用水量0.128 5亿 m^3，占流域用水总量的14.7%；工业用水量0.102 9亿 m^3，占流域用水总量的11.8%；生态环境用水量0.008 0亿 m^3，占流域用水总量的1.0%；淮河流域农业用水量9.022 4亿 m^3，占流域用水总量的61.2%，工业用水量2.096 6亿 m^3，占流域用水总量的14.2%；生活用水量1.665 0亿 m^3，占流域用水总量的11.3%，生态环境用水量1.952 1亿 m^3，占流域用水总量的13.2%。总体来看，农业用水均是各流域第一用水大户，占流域内用水总量的半数以上，其次为工业用水。近年来，开封市生活和生态环境用水量占全市用水总量比例逐步提高，尤其是生态环境用水量增长幅度较大，这与开封市经济社会发展水平相对较好、居民生活水平相对较高有关，也体现了发展经济的同时重视生态环境的战略布局。全市用水结构见图8-10，各流域分区2016年用水量情况见表8-6。

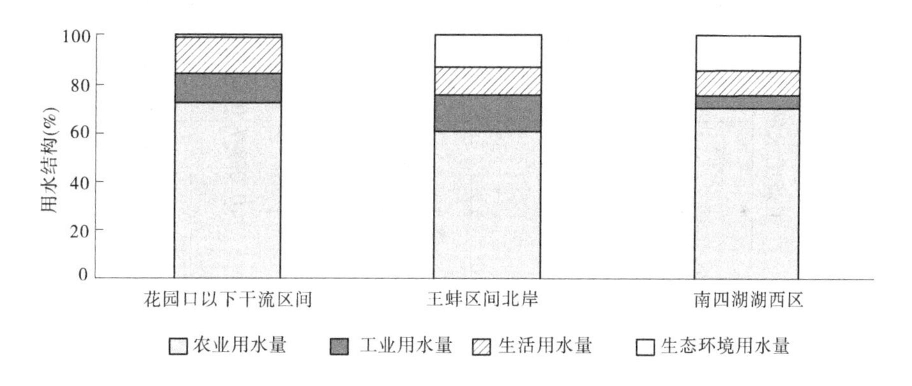

图8-10　全市各流域分区2016年用水结构

全市各流域分区2016年用水结构　　(%)

流域分区	花园口以下干流区间	王蚌区间北岸	南四湖湖西区
农业用水量	73	60	70
工业用水量	12	15	5
生活用水量	15	11	10
生态环境用水量	1	13	14

表 8-6　各流域分区 2016 年用水量情况

（单位：亿 m^3）

流域分区	农业用水量					工业用水量			生活用水量					生态环境用水量	总用水量
	耕地灌溉	林果地灌溉	鱼塘补水	牲畜用水	农业用水量	火电	一般工业	工业用水量	城镇生活	农村居民生活	建筑业	服务业	生活用水量		
花园口以下干流区间（黄河内滩）	0.551 9	0.016 3	0.028 7	0.034 8	0.631 7		0.102 9	0.102 9	0.080 5	0.030 1	0.005 1	0.012 8	0.128 5	0.008 0	0.871 1
王蚌区间北岸（沙颍河涡河）	6.659 8	0.204 8	0.311 4	0.625 4	7.801 4	0.130 5	1.877 4	2.007 9	0.663	0.543 9	0.089 7	0.188 1	1.484 6	1.709 7	13.003 6
南四湖湖西区	1.092	0	0.020 3	0.108 7	1.221 0		0.088 7	0.088 7	0.095 7	0.076 7	0.005 2	0.002 7	0.180 4	0.242 4	1.732 5
全市合计	8.303 7	0.221 1	0.360 4	0.768 9	9.654 1	0.130 5	2.069	2.199 5	0.839 2	0.650 7	0.1	0.203 6	1.793 5	1.960 1	15.607 2

第四节　用水消耗量

用水消耗量是指取用水户在取水、用水过程中，通过植物蒸腾蒸发、土壤吸收、产品吸附、居民和牲畜饮用等多种途径消耗掉而不能回归到地表水体或地下含水层的水量。

农业灌溉耗水量包括作物蒸腾、棵间蒸散发、渠系水面蒸发和浸润损失等水量；工业耗水量包括输水损失和生产过程中的蒸发损失量、产品带走的水量、厂区生活耗水量等；生活耗水量包括输水损失以及居民家庭和公共用水消耗的水量；生态环境耗水量包括城镇绿地灌溉输水及使用中的蒸腾蒸发损失、环境卫生清洁输水及使用中的蒸发损失以及河湖人工补水的蒸发和渗漏损失等。

一、现状年用水消耗量

（一）行政分区用水消耗量

全市2016年用水消耗总量为9.289 1亿 m^3，综合耗水率为59.5%，其中农业用水消耗量6.520 7亿 m^3，综合耗水率为67.5%；工业用水消耗量0.569 8亿 m^3，综合耗水率为25.9%；生活用水消耗量0.946 0亿 m^3，综合耗水率为52.7%，生态环境用水消耗量1.252 4亿 m^3，综合耗水率为63.9%。

各行政区中，市区用水消耗量最大，为3.276 7亿 m^3；兰考县用水消耗量最小，为1.283 2亿 m^3。从耗水率来看，市区综合耗水率低于其他县行政区，这充分反映了市区在用水水平、用水效率以及节水措施等方面有一定优势。现状2016年全市各行政区不同行业用水消耗量情况详见表8-7。

表8-7　全市各行政区2016年用水消耗量　（单位：亿 m^3）

行政区	农业用水消耗量	工业用水消耗量	生活用水消耗量	生态环境用水消耗量	总用水消耗量	综合耗水率（%）
市区	2.009 9	0.202 9	0.370 8	0.693 1	3.276 7	54.4
杞县	1.322 6	0.135 7	0.149 8	0.172 5	1.780 6	64.4
通许县	1.225 0	0.047 6	0.145 8	0.048 8	1.407 2	68.9
尉氏县	1.104 6	0.110 3	0.135 4	0.131 1	1.481 4	62.4
兰考县	0.858 6	0.073 4	0.144 2	0.207 0	1.283 2	55.4
全市合计	6.520 7	0.569 9	0.946 0	1.252 5	9.289 1	59.5

（二）流域分区用水消耗量

2016年黄河流域总用水消耗量0.492 6亿 m^3，综合耗水率57%，其中农业用水消耗量 0.410 0 亿 m^3,综合耗水率 65%;工业用水消耗量 0.023 7 亿 m^3,综合耗水率 23%;生活用水消耗量 0.054 0 亿 m^3,综合耗水率 42%;生态环境用水消耗量 0.005 0 亿 m^3,综合耗水率 62%。淮河流域中王蚌区间北岸总用水消耗量 7.683 2 亿 m^3,综合耗水率 59%,其中农业用水消耗量 5.273 1 亿 m^3,综合耗水率 68%;工业用水消耗量 0.525 8 亿 m^3,综合耗水率 26%;生活用水消耗量 0.790 1 亿 m^3,综合耗水率 53%;生态环境用水消耗量 1.094 3 亿 m^3,综合耗水率 64%。淮河流域中南四湖湖西区总用水消耗量 1.113 2 亿 m^3,综合耗水率 64%,其中农业用水消耗量 0.837 7 亿 m^3,综合耗水率 69%;工业用水消耗量 0.020 4 亿 m^3,综合耗水率 23%;生活用水消耗量 0.102 0 亿 m^3,综合耗水率 57%;生态环境用水消耗量 0.153 1 亿 m^3,综合耗水率 63%。2016 年全市各流域分区不同行业用水消耗量情况详见表 8-8。

表 8-8　全市各流域分区 2016 年用水消耗量　(单位:亿 m^3)

流域分区	农业用水消耗量	工业用水消耗量	生活用水消耗量	生态环境用水消耗量	总用水消耗量	综合耗水率(%)
花园口以下干流区间(黄河内滩)	0.410 0	0.023 7	0.054 0	0.005 0	0.492 7	57
王蚌区间北岸(沙颍河涡河)	5.273 1	0.525 8	0.790 1	1.094 3	7.683 3	59
南四湖湖西区	0.837 7	0.020 4	0.102 0	0.153 1	1.113 2	64
全市合计	6.520 8	0.569 9	0.946 1	1.252 4	9.289 2	60

从各流域 2016 年不同行业耗水率情况来看,黄河流域农业用水耗水率略小于淮河流域的王蚌区间北岸和南四湖湖西区,这主要是由于农业用水消耗量受降水、蒸发等因素影响较大,与降水呈负相关,而与蒸发呈正相关,根据第二、三章评价成果可知,黄河流域多年平均降水量略大于淮河流域,蒸发量与淮河流域基本持平;工业用水耗水率主要取决于当地水资源条件及在此基础上形成的工业用水结构,全市耗水率较大的工业基本上集中在淮河流域的王蚌区间北岸,由此导致淮河流域王蚌区间北岸工业用水耗水率较大;生活用水耗水率主要与经济发展水平、居民生活水平、节水水平等多种因素有关,淮河流域在这几个因素上略优于黄河流域,是其生活用水耗水率小于黄河流域的原因。2016 年各流域不同行业耗水率情况见图 8-11。

二、用水消耗量变化趋势分析

2010~2016 年评价期内,全市平均用水消耗总量为 8.670 9 亿 m^3,其中平均农业用水消耗量为 6.784 2 亿 m^3,占全市用水消耗总量的 78.2%;平均工业用水消耗量为 0.594 2 亿 m^3,占全市用水消耗总量的 6.9%;平均生活用水消耗量为 0.917 7 亿 m^3,占全市用水

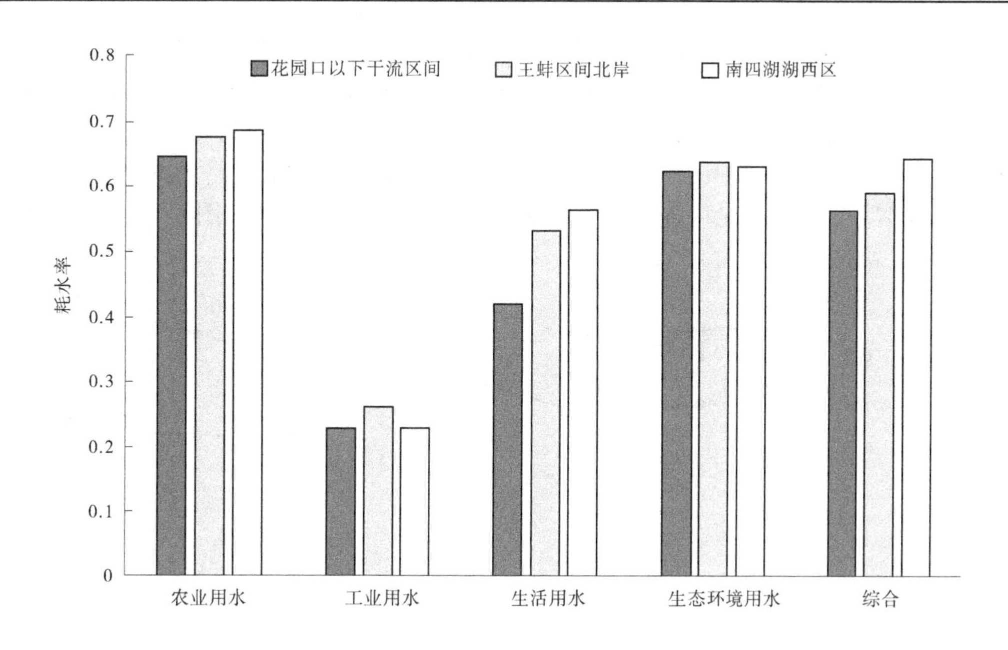

图 8-11　全市各流域不同行业耗水率

消耗总量的 10.6%；平均生态环境用水消耗量为 0.374 8 亿 m³，占全市用水消耗总量的 4.3%。全市评价期内各行业用水消耗量情况见表 8-9。

表 8-9　评价期全市各行业用水消耗量情况　（单位：亿 m³）

年份	农业耗水量	工业耗水量	生活耗水量	生态环境耗水量	总耗水量
2010	7.094 7	0.588 0	0.918 8	0.124 4	8.725 9
2011	6.938 1	0.600 6	0.930 1	0.124 4	8.593 2
2012	6.855 7	0.617 4	0.896 3	0.124 5	8.493 9
2013	7.435 2	0.640 2	0.900 1	0.124 5	9.100 0
2014	6.378 6	0.622 7	0.909 8	0.083 1	7.994 2
2015	6.266 0	0.520 6	0.923 0	0.790 7	8.500 2
2016	6.520 7	0.569 8	0.946 0	1.252 4	9.289 0
平均值	6.784 2	0.594 2	0.917 7	0.374 8	8.670 9

评价期内全市用水消耗总量与用水总量的变化趋势一致；农业用水消耗量在用水消耗总量中占绝对主导地位，其变化趋势与用水消耗总量变化趋势一致，与农业用水总量的变化趋势也基本一致。评价期内农业耗水量远大于其他各行业耗水量之和，这说明农业是全市节水潜力最大的行业，农业节水应是今后节水工作的重中之重；评价期内工业用水

消耗量呈下降趋势,但个别年份增幅较大,这说明仍需对高耗水工业行业加强计划用水管理,提高企业的用水水平和效率,增强节水意识;生活用水消耗量与区域人口数量、生活水平和用水习惯有关,评价期内呈稳定趋势;生态环境用水消耗量自 2014 年以后快速增长,在所有用水行业耗水量中占比增大,这体现了近年来开封市发展经济的同时也对生态环境的治理增加了力度。全市评价期内各行业用水消耗量变化趋势见图 8-12。

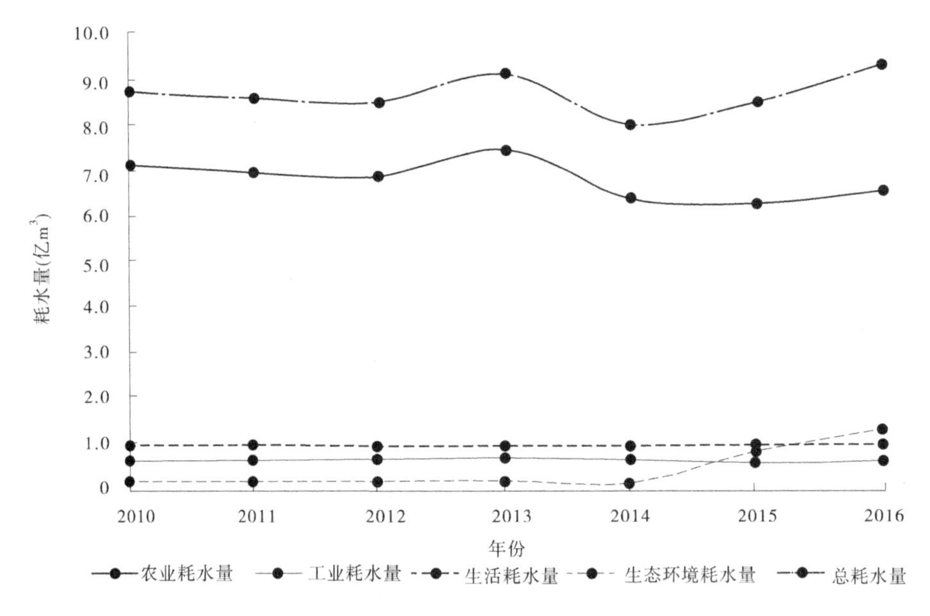

图 8-12　评价期全市各行业用水消耗量变化趋势

第五节　用水水平

在水资源开发利用评价中,人均用水量、万元 GDP 用水量、万元工业增加值用水量、农田灌溉亩均用水量、城镇综合生活人均用水量、农村居民生活人均用水量等是反映区域综合用水水平和用水效率的重要指标。

人均用水量是衡量一个地区综合用水水平的重要指标,受当地气候、人口密度、经济结构、作物组成、用水习惯、节水水平等众多因素影响。全市 2016 年人均用水量 343.0 m³/人,评价期内全市人均用水量指标无明显变化规律性。

万元 GDP 用水量是综合反映经济社会发展水平的水资源合理开发利用状况的重要指标,与当地水资源条件、经济发展水平、产业结构状况、节水水平、水资源管理水平和用水科技工艺水平密切相关。万元工业增加值用水量是反映工业用水水平的重要指标,与地区工业发展水平、工业结构以及工业用水工艺和节水水平有关。全市 2016 年万元 GDP 用水量 62.7 m³/万元(当年价),万元工业增加值用水量 32.5 m³/万元(当年价),评价期内这两项指标均呈明显下降趋势,这与开封市近年来产业结构调整、节水技术普及、节水产业发展及最严格水资源管理制度"三条红线"考核等多项措施的实施有关。

农田灌溉亩均用水量是反映农业用水效率的主要指标,受种植结构、灌溉习惯、水源条件、灌溉工程设施状况、降水量及时空分布等众多因素影响。全市2016年农田灌溉亩均用水量230.0 m^3/亩，由于农田灌溉用水量受降水丰枯影响较大，评价期内全市农田灌溉亩均用水量指标变化随机性较大，没有明显变化趋势。

生活用水指标与地理位置、水资源条件、社会经济发展水平和居民节水意识、节水措施等因素有关。全市2016年城镇综合生活人均用水量149.8 L/(人·d)、农村居民生活人均用水量72.5 L/(人·d)，评价期内，随着开封市社会经济的发展，人民生活水平的逐年提高，无论是城镇综合生活用水指标还是农村生活用水指标都呈现增长趋势。

评价期内全市各行业用水指标情况见表8-10，指标变化情况见图8-13。

表8-10　评价期全市各行业用水指标

年份	人均用水量(m^3/人)	万元GDP用水量(m^3/万元)	万元工业增加值用水量(m^3/万元)	农田灌溉亩均用水量(m^3/亩)	城镇生活人均用水量[L/(人·d)]	农村居民生活人均用水量[L/(人·d)]
2010	305.2	135.7	60.1	200.0	133.4	64.3
2011	303.6	115.6	50.9	191.6	135.9	66.3
2012	299.4	100.8	46.0	179.4	136.9	64.2
2013	332.3	90.1	43.6	210.4	137.6	65.1
2014	298.1	78.6	38.4	221.3	151.0	67.7
2015	313.6	70.7	35.6	219.5	150.6	71.0
2016	343.0	62.7	32.5	230.0	149.8	72.5

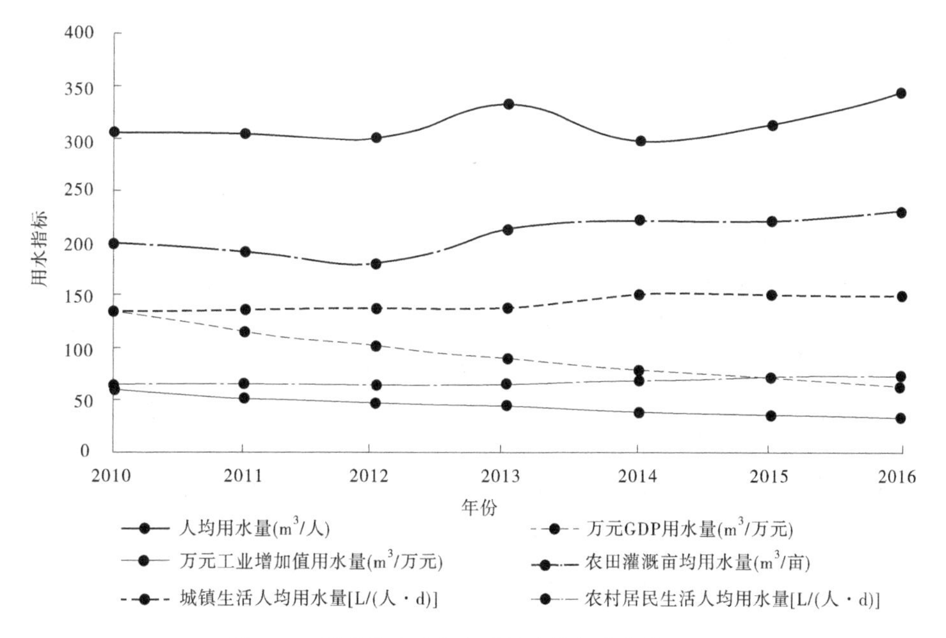

图8-13　评价期全市各行业用水指标变化情况

第九章 主要结论

水资源是人类不可缺少、不可替代的资源，随着经济社会的不断发展，水资源短缺及水污染严重已成为制约经济社会可持续发展的关键性因素。开封市水资源具有年际、年内和地区分配不均的特点，且人均水资源占有量严重不足，近年来，受气候变化和人类活动等影响，水资源情势也发生了一些变化。本次开封市水资源调查评价在系统分析评价全市水资源数量、质量及开发利用状况的基础上得出以下结论。

第一节 水资源数量

一、降水蒸发量

开封市降水量年际之间变化较大，年内分配不均，汛期集中。

开封市多年平均(1956~2016年)降水量646.4 mm，相应降水总量40.5亿。其中涡河流域年均降水量645.2 mm，相应降水总量38.0亿m^3，占全市降水量的93.9%，黄河流域年均降水量666.0 mm，相应降水总量2.5亿m^3，占全市降水量的6.1%。

开封市多年平均蒸发量1 111.6 mm，20世纪六七十年代，蒸发量较大，80年代至今蒸发量处于低值期。多年平均干旱指数为1.86，属半湿润气候特征。

二、地表水资源量

开封市多年平均(1956~2016年)地表水资源量3.986 3亿，折合径流深63.67 mm，花园口以下干流多年平均地表水资源量0.268 0亿m^3，沙颍河平原多年平均地表水资源量0.755 6亿m^3，涡河区多年平均地表水资源量2.426 2亿m^3，南四湖多年平均地表水资源量0.536 5亿m^3。

全市地表水资源量呈减少趋势，尤其是20世纪80年代前后相比，有较大幅度减少，降水量的减少是造成地表水资源量减少的主要原因。另外，人类活动导致下垫面条件的改变也在一定程度上影响了地表水资源量的变化趋势。

三、地下水资源量

开封市多年平均(1956~2016年)地下水资源量为7.548 0亿m^3，其中矿化度$M \leq 2$ g/L地下水资源量为7.407 9亿m^3，地下水资源量模数14.0亿m^3/km^2。黄河流域地下水资源量为0.304 1亿m^3，淮河流域地下水资源量为7.243 9亿m^3。

四、水资源总量

开封市多年平均(1956~2016年)水资源总量10.019 0亿m^3，产水模数为16.00万

m^3/km^2,其中地表水资源量为3.986 3亿m^3,地下水资源量为6.032 7亿m^3。从水资源总量年代变化情况分析来看,全市水资源总量20世纪五六十年代最丰,七十年代最接近1956~2016多年平均值,八九十年代和2011~2016年代最枯。

总体来看,水资源总量年代变化情况与降水和天然径流基本一致,2000年以后,受人类活动影响加剧,水资源总量变化情况与天然径流更为接近。

第二节　水资源质量

一、地表水资源质量

2016现状年开封市地表水水质监测站全部位于淮河流域,淮河流域地表水天然水化学类型以Cl类Na组Ⅱ型为主,占71.2%;其次是S类Na组Ⅱ型和C类Na组Ⅱ型,各占14.2%。

全市全年期共评价河长156.7 km,其中水质类别Ⅴ类河长57 km,占比36.4%;劣Ⅴ类河长99.7 km,占比63.6%。全年期评价超Ⅲ类水质标准河长比例达到100%。

全市12个省级地表水功能区除4个没有水质目标的排污控制区不参加达标评价外,共8个水功能区参与达标评价。全因子评价都不达标。纳污红线考核双因子与全因子达标评价结果一致。

全市7个国家重要水功能区,除2个没有水质目标的排污控制区外,共5个水功能区参与达标评价。全因子评价均不达标。考核双因子评价结果与全因子一致。

二、地下水资源质量

开封市平原区浅层地下水天然化学类型以$HCO_3^- - Ca^{2+} \cdot Mg^{2+}$型和$HCO_3^- - Na^+ \cdot Ca^{2+} \cdot Mg^{2+}$型为主。

从全市地下水质综合评价结果来看,在全市71眼地下水水质监测井中,Ⅳ类水质有27眼,占比38%;Ⅴ类水质有44眼,占比62%。全市超Ⅲ类水质标准监测井共计71眼,占比100%。总的来看,主要超标项目为:总硬度、硫酸盐、溶解性总固体、铁、氟化物、锰等。目前来说,全市浅层地下水水质差,达标率低。

三、水资源开发利用现状

全市2016年实际供水量为15.607 2亿m^3,按供水水源分类,地表水源供水量7.091 6亿m^3,地下水源供水量8.515 6亿m^3,分别占总供水量的45.4%和54.6%。引黄水量全部为黄河流域水源调往淮河流域,主要用于淮河流域农业灌溉和少部分生活用水;地下水供水水源主要以浅层地下水为主,随着对中深层地下水的保护,深层承压水的开采量呈现逐年减少的趋势。

从2016年全市用水结构来看,农业用水量占全市用水总量的60%以上,在用水结构中占绝对优势,这也是由河南省作为农业大省、全国粮食生产核心区的地位决定的;工业用水量占全市用水总量的14.1%,低于全省工业用水量占比,这与开封市工业基础薄弱相关；其余是生活用水量和生态环境用水量。

全市2016年用水消耗总量为9.289 0亿m^3，综合耗水率为59.5%，其中农业用水消耗量6.520 7亿m^3，综合耗水率为67.5%；工业用水消耗量0.569 8亿m^3，综合耗水率为25.9%；生活用水消耗量0.946 0亿m^3，综合耗水率为52.7%，生态环境用水消耗量1.252 4亿m^3，综合耗水率为63.9%。